草畜一体化肉牛养殖技术

CAOXU YITIHUA ROUNIU YANGZHI JISHU

谢建亮 主编

黄河出版传媒集团
阳光出版社

图书在版编目（CIP）数据

　　草畜一体化肉牛养殖技术 / 谢建亮主编. -- 银川：
阳光出版社，2021.4
　　ISBN 978-7-5525-5819-7

　　Ⅰ. ①草… Ⅱ. ①谢… Ⅲ. ①肉牛 - 饲养管理 Ⅳ.
①S823.9

　　中国版本图书馆CIP数据核字（2021）第055516号

草畜一体化肉牛养殖技术

谢建亮　主编

责任编辑　李少敏
封面设计　石　磊
责任印制　岳建宁

黄河出版传媒集团
阳　光　出　版　社　出版发行

出 版 人　薛文斌
地　　址　宁夏银川市北京东路139号出版大厦（750001）
网　　址　http://www.ygchbs.com
网上书店　http://shop129132959.taobao.com
电子信箱　yangguangchubanshe@163.com
邮购电话　0951-5047283
经　　销　全国新华书店
印刷装订　宁夏银报智能印刷科技有限公司
印刷委托书号　（宁）0020318

开　　本　720mm×980mm　1/16
印　　张　14
字　　数　190千字
版　　次　2021年4月第1版
印　　次　2021年8月第1次印刷
书　　号　ISBN 978-7-5525-5819-7
定　　价　42.00元

前　言

　　肉牛产业是固原市最具优势和潜力的地方支柱产业，也是脱贫攻坚的主导产业。近年来，固原市按照宁夏回族自治区党委、政府的统一部署和要求，抢抓大力发展宁南山区优势特色产业的机遇，围绕"一特三高"标准，推进"1+4"（"1"指粮食生产，"4"指草畜、马铃薯、冷凉蔬菜、特色种养）特色农业提质增效，加快建设六盘山百万头肉牛养殖基地，完善草畜产业技术体系，发展草产品加工业，主攻中高端肉牛屠宰加工。肉牛饲养规模不断扩大，肉牛产业区位优势更加明显，品牌优势逐步显现，在促进农业增效、农民增收、农村经济发展及社会和谐稳定方面发挥了重要作用。发展草畜产业是固原市扶贫攻坚和农民增收的有效途径，能够推动固原市肉牛产业集群发展，培育出一批优势突出、特色显明、附加值高的农产品和加工企业，促进一、二、三产业融合发展，促进农村劳动力就业和增加农民收入，有利于推进固原市整体如期脱贫。

目　录

第一章　宁夏肉牛产业发展概况

第一节　宁夏肉牛产业发展总体思路与具体措施

一、总体思路

坚持以习近平新时代中国特色社会主义思想为指导，深入贯彻落实党的十九届四中全会以及宁夏回族自治区（以下简称自治区）党委十二届八次、九次全会精神，聚焦肉牛产业高质量发展，以供给侧结构性改革为主线，以促进农民持续增收为核心，按照"2344"发展思路，坚持"优质＋高端"双轮驱动，构建现代肉牛产业体系、生产体系、经营体系，推进布局区域化、经营规模化、生产标准化、发展产业化，调优种养结构、调大经营规模、调强加工能力、调长产业链条，推广家庭经营"50"模式、龙头带动华润模式、种养结合西吉模式等，推动产业扩群增量、精深加工、品牌营销，打造全国优质肉牛繁育基地和优质牛肉生产基地，实现肉牛产业高质量发展。

二、具体措施

（一）推进布局区域化

根据资源禀赋、产业基础及发展潜力，着力打造中南部地区和引黄灌区2个优质肉牛产区，不断提高产业集中度。

1. 中南部地区优质肉牛产区

依托良种母牛资源优势，突出发展优质肉牛繁育和特色牛肉加工。在原州、西吉、隆德、泾源、彭阳、海原、同心、红寺堡8县（区）重点推行"家家种草、户户养牛、自繁自育、适度规模"的生产经营方式，扩大养殖规模。优化调整种植结构，持续扩大"粮改饲"范围，配套种植青贮玉米180万亩（1亩约为666.7 m^2，下同）、一年生牧草100万亩、紫花苜蓿90万亩。加快区域特色牛肉加工业发展，延长产业链条，带动肉牛产业扩量、提质、增效。到2025年，肉牛饲养量达到181万头，其中存栏85万头、出栏96万头，占全区肉牛饲养量的68.8%。

2. 引黄灌区优质肉牛产区

依托饲草料资源优势和规模养殖优势，在平罗、永宁、中宁、沙坡头等县（区）重点发展肉牛高效育肥和优质牛肉生产，全面提升肉牛规模化、集约化生产水平。新建扩建闽宁镇、月牙湖乡、白土岗乡、扁担沟镇、太阳梁乡5个万头肉牛养殖基地，配套建设20万亩饲草基地。到2025年，肉牛饲养量达到82万头，其中存栏40万头、出栏42万头，占全区肉牛饲养量的31.2%。

（二）推进经营规模化

1. 培育新型经营主体

支持养殖大户、家庭牧场、农民合作社、龙头企业等新型经营主体完善基础设施，配套养殖机械设备，发展规模养殖。培育存栏50~100头的养殖大户4 300户，培育存栏100~200头的家庭牧场900家，培育存栏200~500头的农民合作社600个，培育存栏500头以上的养殖企业180家。

2. 推广家庭经营"50"模式

以中南部地区为重点，以家庭为单元，大力推广"家家种草、户户养牛"的发展方式。支持养殖户种养结合、自繁自育、扩群增量，配套完善基础设施、机械设备，发展家庭适度规模养殖3 000户以上，集中连片打造千头以上肉牛养殖示范村300个、万头以上肉牛养殖乡镇56个。

（三）推进生产标准化

1. 完善标准体系

聚焦高质量发展，围绕肉牛饲养管理、疫病防控、产品加工等生产环节，修改完善肉牛良种繁育、饲草料加工调制、标准化养殖、标准化养殖场建设、胴体分割加工、冷链运输、疫病防控、产品质量安全追溯等生产标准10项。指导各类生产主体推广应用标准化技术，建立肉牛生产管理规范，提高良种、饲养、加工、销售等关键环节标准化生产水平。

2. 加快标准化建设

按照品种良种化、生产规模化、养殖设施化、管理规范化、防疫制度化、粪污处理无害化要求，促进先进设备、高效养殖技术、信息化管理推广应用，加强生产主体管理、养殖过程管控、饲料兽药监测监管，加快养殖场升级改造和标准化建设。到2025年，培育国家级和自治区级标准化示范场20个，规模化养殖场粪污处理设施设备配套率达到100%、养殖机械化率达到60%以上、产品质量安全合格率达到99%以上。

3. 加强良种繁育基地建设

按照良种繁育基地建设"十一个一"的工作要求，建立西门塔尔牛品种改良和安格斯牛品种选育繁育基地。加强与国内外育种企业合作，建立联合育种机制，全面开展肉牛良种登记、选种选配、生产性能测定等工作，扩大优质种群规模。支持建设良种繁育中心1个、良种繁育场20个、良种繁育基地2个；开展西门塔尔牛改良选育与安格斯牛核心群选育，完善优质高档肉牛育、繁、推一体化技术体系，每年推广优质西门塔尔牛、安格斯牛冻精80万支。到2025年，肉牛良种化率达到90%以上。

4. 加大技术集成应用

加强与国家肉牛产业技术体系、高校、科研院所交流与合作，加快科技创新与成果转化，强化品种选育、高效养殖、精细管理、精深加工等技术集成应用，推广应用肉牛高效生产综合配套技术，出栏牛胴体重达到340 kg以上，养殖效益提升20%。

（四）推进发展产业化

1. 提高屠宰加工能力

支持华润集团、融侨集团在海原县、原州区建设年屠宰加工6万头、5万头屠宰加工厂；支持夏华、涝河桥、贺兰山牛羊产业集团等12家屠宰加工企业改建扩建，引进现代化屠宰加工设备，屠宰加工能力稳定在40万头以上；加大招商引资力度，引进国内知名企业建设20万头屠宰加工厂。引导龙头企业与养殖场、合作社、养殖户建立利益联结机制，发展订单生产，构建"规模养殖＋精深加工＋品牌营销＋综合服务"的一体化经营模式。支持企业引进现代冷鲜加工工艺、设备，提高分级加工、分割包装比重，提升精深加工水平。到2025年，年屠宰加工肉牛70万头，屠宰加工率达到50%以上，精深加工率达到20%以上。

2. 加大产销衔接力度

以长三角、珠三角、京津冀经济圈为重点，紧盯中高端消费市场，加大产品宣传推介力度，建立订单生产、冷链配送、定向销售的产销衔接渠道。支持经营主体采取线上线下、直销窗口、专营店、e点到家等方式，开拓高端市场，实现优质优价，提高经营效益。到2025年，建设加工配送中心60个，直销窗口200个，实现销售产值60亿元。

3. 提升品牌效益

扩大"固原黄牛"等区域公用品牌影响力，提高涝河桥、穆和春、泾河源等企业品牌知名度，打造一批新的区域公用品牌和商业企业品牌，加强"两品一标"认证管理，强化品牌管理、宣传推介、市场开拓，完善质量安全追溯管理，管控关键环节，稳步提升牛肉品质和品牌效益，以优良品质、知名品牌引领肉牛产业高质量发展。

三、发展目标

到2025年，全区肉牛饲养量达到263万头，增长55.6%。其中，存栏125

万头，增长28.8%；出栏138万头，增长91.9%；良种化率达到90%以上，规模化养殖率达到55%；提升区域公用品牌核心竞争力，培育知名品牌5个以上；培育年产值10亿元以上的农业产业化龙头企业8家，屠宰加工业实现产值180亿元，肉牛加工转化率达到50%以上，全产业链实现产值500亿元。

第二节　宁夏肉牛产业发展现状

宁夏地处中温带季风气候区，日照充足、干旱少雨、温度适宜、饲草丰富，自古以来就是牧业发达地区，具有发展肉牛产业得天独厚的资源条件和养殖传统。目前，已形成中南部地区（中南部8县区）"家家种草、户户养牛、小群体、大规模"和引黄灌区"规模养殖、高效生产"的发展方式，产业实现了从家庭副业到增收主业的历史性转变。

一、生产情况

（一）产业持续稳定发展

近年来，宁夏肉牛产业坚持扩量、提质、增效的发展思路，通过政策推动、科技促动、市场拉动，保持了持续稳定发展的良好势头。2019年，全区肉牛饲养量169万头，比2015年增长23.81%。其中，肉牛存栏97.1万头，居全国第20位；基础母牛存栏45.1万头，占存栏总数的46.45%，高于全国基础母牛存栏比例12个百分点以上；肉牛出栏71.9万头，居全国第19位。有15个县（区）肉牛饲养量超过5万头，其中西吉、原州、彭阳等6个县（区）肉牛饲养量超过10万头。牛肉产量11.5万t，居全国第19位，占全区肉类总产量的34.43%，比2015年提高1.9个百分点；人均牛肉占有量16.6kg，约是全国平均水平（5.3kg）的3倍，居全国第5位。肉牛产业全产业链产值272亿元，其中，育肥牛销售与屠宰加工产值142亿元，存栏牛生物产值63亿元，带动相关产业产值67亿元。宁夏已成为全国良种肉牛繁育基地和优质牛肉生产基地，肉牛产业对促进农民持续增收、助力脱贫攻坚发挥了重要作用。据调查，固原市农民人均养牛纯收入1 580元，占农民人均纯收入的14.89%，比2015年提高了77.72%。在肉牛产业的带动下，中南部原州区、隆德县、泾源县、彭阳县、海原县、同心县、红寺堡区7个主产县（区）实现脱贫。

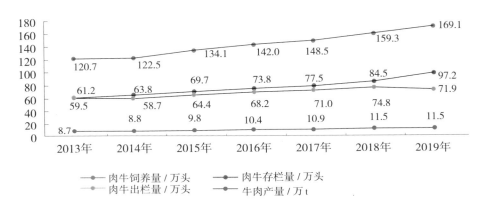

图1-1　2013—2019年宁夏肉牛生产情况

表1-1　全国部分省区肉牛产业规模、产量排名

序号	省区	牛肉产量 / 万 t	产量排名	存栏 / 万头	存栏排名	出栏 / 万头	出栏排名
1	山东	76.4	1	259.0	9	363.0	2
2	内蒙古	61.4	2	489.8	2	375.0	1
3	河北	56.5	3	199.3	12	345.0	3
4	黑龙江	42.6	4	349.7	5	270.0	6
5	新疆	42.0	5	273.3	8	253.0	7
6	吉林	40.7	6	309.4	7	249.0	8

续表

序号	省区	牛肉产量/万t	产量排名	存栏/万头	存栏排名	出栏/万头	出栏排名
7	云南	36.0	7	755.8	1	309.0	4
8	河南	34.8	8	231.1	10	231.0	9
9	四川	34.5	9	476.3	3	276.0	5
10	辽宁	27.5	10	212.8	11	175.0	11
11	甘肃	21.4	11	410.0	4	201.0	10
12	宁夏	11.5	19	84.5	20	74.8	19

注：数据来源于《中国畜牧兽医年鉴2019》。

表1-2　宁夏肉牛饲养量5万头以上的县区（市）养殖情况

序号	县区（市）	存栏/头	出栏/头	饲养量/头	占全区比例/%
1	西吉县	169 865	85 622	255 487	15.11
2	原州区	107 106	55 653	162 759	9.63
3	彭阳县	95 043	61 216	156 259	9.24
4	利通区	75 751	62 619	138 370	8.18
5	海原县	78 124	47 926	126 050	7.45
6	同心县	54 864	53 799	108 663	6.43
7	红寺堡区	48 704	39 837	88 541	5.24
8	平罗县	42 578	39 810	82 388	4.87
9	隆德县	47 407	26 128	73 535	4.35
10	青铜峡市	41 264	26 337	67 601	4.00
11	中宁县	33 699	29 292	62 991	3.73
12	灵武市	31 836	29 064	60 900	3.60

序号	县区（市）	存栏 / 头	出栏 / 头	饲养量 / 头	占全区比例 /%
13	泾源县	35 261	24 746	60 007	3.55
14	沙坡头区	25 897	30 438	56 335	3.33
15	永宁县	23 373	27 764	51 137	3.02

注：数据来源于2019年自治区统计局发布数据。

（二）优势区域布局基本形成

依托区域资源禀赋和产业发展基础，不断优化产业区域布局，形成中南部地区和引黄灌区2个优质肉牛产区，优势产区肉牛饲养量与牛肉产量分别占全区总量的91.7%和61%。中南部地区大力实施"见犊补母"政策，加快良种母牛扩群增量。2019年肉牛饲养量103.13万头，占全区肉牛饲养量的61%，其中存栏63.64万头，出栏39.49万头。基础母牛存栏38.2万头，占肉牛存栏数的60.03%，占全区基础母牛存栏总数的84.7%。牛肉产量6.32万t，占全区牛肉总产量的54.96%。引黄灌区加快推进标准化规模养殖，发展优质肉牛商品化生产。肉牛饲养量65.97万头，占全区肉牛饲养量的39%，其中存栏33.56万头，出栏32.41万头。基础母牛存栏6.9万头，占肉牛存栏数的20.56%，占全区基础母牛存栏总数的15.3%。牛肉产量5.18万t，占全区牛肉总产量的45.04%。

（三）规模化比重不断提高

全区现有肉牛养殖场（户）24.5万个，户均养牛6.9头。其中，年出栏肉牛50头以上的养殖场（户）1432个，年出栏肉牛数占全区肉牛出栏总数的17%；年出栏10~49头的养殖场（户）1.41万个、年出栏1~9头的养殖场（户）22.94万个，年出栏肉牛数分别占全区肉牛出栏总数的24%和59%。培育国家级肉牛标准化示范场10个、自治区级肉牛标准化示范场26个。中南部地区现有肉牛养殖场（户）21.09万个，占全区肉牛养殖场（户）总数的86.08%，户均养牛4.9头。其中，年出栏肉牛50头以上的养殖场（户）499个，年出栏肉牛数占全区肉牛出栏总数的5.29%；年出栏10~49头的养殖场（户）0.89万个、年出栏1~9头的养殖场（户）20.15万个，年出栏肉牛数分别占全区肉牛出栏总数的13.33%和49.52%。建设年存栏肉牛万头以上的养殖示范乡镇36个、示范村300个，其中千头以上示范村133个。引黄灌区现有肉牛养殖场（户）3.41万个，占全区肉牛养殖场（户）总数的13.92%，户均养牛19.3头。其中，年出栏肉牛50头以上的养殖场（户）983个，年出栏肉牛数占全区肉牛出栏总数的12.29%；年出栏10~49头的养殖场（户）0.52万个、年出栏1~9头的养殖场（户）2.78万个，年出栏肉牛数分别占全区肉牛出栏总数的10.77%和8.81%。建设年出栏肉牛100头以上的规模化养殖场253个，其中年出栏肉牛500头以上的规模化养殖场62个。

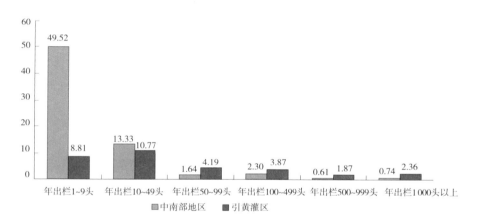

图1-2 产区不同规模养殖户出栏肉牛占全区出栏总数的百分比 /%

注：数据来源于自治区业务部门统计数据。

（四）种养结合更加紧密

坚持种养结合和草畜配套，进一步优化饲草种植结构，稳步推进"粮改饲"试点，扩大青贮玉米、苜蓿和一年生牧草种植面积。全区饲草种植面积807.7万亩，饲草加工总量856.8万t。其中，青贮玉米种植面积137.2万亩，加工全株玉米青贮542万t；苜蓿留床面积541.2万亩，饲草产量258万t（苜蓿干草240万t、苜蓿青贮18万t）；一年生牧草种植面积129.3万亩，干草产量56.8万t。中南部地区饲草种植面积561万亩,饲草加工总量419.4万t。其中,苜蓿留床面积423万亩,干草产量186万t;一年生牧草种植面积86万亩,干草产量25.4万t;青贮玉米种植面积52万亩,加工全株玉米青贮208万t。通过不断扩大"粮改饲"实施范围,持续推进种养结合,青贮玉米种植面积、收贮量分别比"粮改饲"试点项目实施前(2016年)提高160%和210%,有力地促进了肉牛产业扩量、节本、增效和可持续发展。据测算,种植并收贮1亩全株玉米青贮饲料的成本约800元,养殖1头基础母牛全年需1.5亩全株玉米青贮饲料,年产1头犊牛收入6 000~7 000元,1.5亩青贮玉米可转化为5 000~6 000元的养殖收入。利用全株玉米青贮饲料育肥肉牛,每天可节约饲养成本2元,日增重提高200~300 g,饲养期按180 d计算,可增加养殖收入1 080元。

(五)产业化发展稳步推进

全区现有肉牛屠宰加工企业12家,年屠宰加工能力45万头,其中国家级农业产业化龙头企业2家。2019年实际屠宰加工肉牛6.3万头,实现产值14亿元。海原县引进华润集团,启动建设年屠宰加工6万头肉牛的生产线;原州区引进融侨集团,规划建设万头肉牛育肥场和5万头肉牛屠宰加工线。实施中日合作神内宁夏品牌肉牛产地形成综合援助项目,立足宁夏肉牛品种与饲草料资源,引进日本高档肉牛育肥、牛肉分级、精细分割等技术,探索建立了符合宁夏实际的"农户分散饲养、合作社统一管理、规模化集中育肥、龙头企业加工生产、餐饮连锁经营"高档肉牛全产业链生产体系。结合产业发展与精准扶贫,先后培育形成海原华润"母牛银行"产业扶贫模式、夏华公司全产业链发展模式、泾源县整县推进肉牛产业发展模式、隆德县整乡推进种养结合发展模式及原州区石羊村养殖合作社带动模式等典型模式。注册"固原黄牛""泾源黄牛肉"2个国家地理标志保护产品,"泾源黄牛肉"荣获国家级农产品地理标志示范样板。建成单家集、三营镇、六盘山、古城镇等44个肉牛活畜交易市场,其中单家集、兴隆镇、三营镇、中河乡、泾河源镇、香水镇、丁塘镇7个交易市场年肉牛交易量均超过2万头。

二、科技支撑情况

（一）良种繁育

按照"优质＋高端"双轮驱动的发展思路，全面实施西门塔尔牛品种改良和安格斯牛选育，年推广优质肉牛冻精60万支以上，全区肉牛良种覆盖率达到87%，改良肉牛18月龄胴体重达320 kg以上。全区以西门塔尔牛、安格斯牛为主体的良种母牛存栏比例达到75%，建立了3万头安格斯母牛繁育群和3 000头安格斯基础母牛核心繁育群，夯实了优质高端肉牛繁育基地发展基础。建立了区、市、县、乡四级良种繁育技术推广体系，建设村级改良点420个，形成了配套完善的品种改良服务体系。品种改良成效明显，繁殖1头西杂改良犊牛，养殖到300 kg左右出售，售价高于非改良牛3 000元，高代改良牛售价高于低代改良牛1 000元，成年改良母牛高于非改良母牛3 000元，饲养良种肉牛和开展品种改良的观念已深入人心。

（二）技术推广

加强与国家肉牛牦牛产业技术体系、中国农业大学、西北农林科技大学等高校与科研院所的合作共建，开展中高端肉牛生产、良种选育、高效养殖等关键技术研究，成立国家肉牛改良中心固原试验示范站、海原县高端肉牛研发中心，形成了产、学、研、推一体化技术创新体系。推广草畜产业节本增效科技示范，按照"主攻单产、提高品质、降低成本、提升效率"的总体要求，以规模化肉牛养殖场为核心，集成示范推广良种选（繁）育、高效育肥、全混合日粮饲养、信息化管理等国内外先进技术，产业良种化水平、设施装备水平、技术水平显著提高。以养殖示范村为重点，加大先进实用生产技术推广，母牛低成本养殖技术、优质犊牛培育技术推广应用比例分别达到35%和40%，基本实现一年一胎，头均节本增效600元；犊牛断奶体重达到150 kg左右，增加15~20 kg，直接增收600元以上。养殖户应用先进技术提高养殖效益的意识明显增强。

表1-3 规模化肉牛养殖场对标主要技术指标

技术指标	国际先进水平	国内先进水平	自治区水平	
			优	良
母牛产犊间隔／月	12	12	12.3	13.0
犊牛成活率／%	95	95	95	90
西门塔尔改良公犊牛 4月龄体重／kg	170	160	160	150
1~2岁肉牛育肥期 日增重／kg	1.7~2.0	1.5~1.7	1.5~1.7	1.3~1.5
育肥肉牛月龄／ 出栏活重／kg	15/600	18/650	18/650	18/600
平均胴体重／kg	360	350	330	300
育肥牛每公斤增重成本／元	7~8	11~12	11~12	13~14

（三）标准制定

围绕肉牛生产全过程，制定并推广了《肉牛良种繁育场技术规范》（DB 64／T 1012—2014）、《牛人工授精技术操作规程》（DB 64／T 844—2013）、《肉牛全混合日粮（TMR）调制饲喂技术规范》（DB 64／T 757—2012）、《肉用母牛饲养管理技术规范》（DB 64／T 1475—2017）、《高档肉牛胴体分割技术规范》（DB 64／T 842—2013）、《固原黄牛育肥技术规范》（DB 64／T 1231—2016）、《青贮饲料调制技术规程》（DB 64／T 104—2013）、《饲草包膜青贮加工调制技术规程》（DB 64／T 752—2012）等肉牛生产技术规程，进一步健全标准化生产技术体系。

三、产业效益情况

（一）经济效益

2015年以来，宁夏肉牛养殖效益持续稳定增长，肉牛养殖已成为农户增收致富的重要途径。2019年，养殖场（户）出栏育肥肉牛头均盈利3000元以上，饲养基础母牛头均盈利5000元以上，头均效益明显提高。据调查，中南部地区以夫妻二人为主要劳动力、年饲养肉牛20~50头、种养紧密结合的家庭牧场经营模式特色鲜明，农户充分利用自有耕地种植青贮玉米等饲草料，并购买周边农户饲草料发展肉牛养殖业，开展基础母牛自繁自育或专业化育肥，养殖效益较好。

案例1：家庭自繁自育养殖模式。泾源县世奎家庭养殖场年饲养基础母牛30头，年繁殖成活犊牛27头，犊牛饲养至5~6月龄，头均价格1.2万元，销售收入32.4万元，全年养殖成本约13.56万元（含贷款利息1.4万元），年纯收入达到18.84万元，饲养基础母牛头均纯收入6 280元。

表1-4　世奎家庭养殖场成本效益分析表

项目	明细
精饲料费	3.6元/d×370 d×30头≈4万元
粗饲料费	6元/d×370 d×30头=6.66万元
犊牛饲养费	400元/头×27头=1.08万元
人工授精费	100元/头×30头=0.3万元
水电费	100元
治疗费	20元/头×57头=1140元
贷款利息	1.4万元
收入	27头×1.2万元=32.4万元
利润	18.84万元
头均利润	6 280元

案例2：家庭养殖场专业化育肥模式。泾源县里源家庭养殖场年育肥出栏肉牛2批，每批购入6~7月龄架子牛30头，育肥6个月至体重500 kg以上销售，头均总成本1.11万元（购牛成本8 000元左右，育肥成本3 100元），头

均销售价格约1.5万元，利润3000~4000元，年肉牛养殖纯收入23万元以上，育肥出栏肉牛头均纯收入3933元。

表1-5 里源家庭养殖场成本效益分析表

项目	明细
购牛费	8000元/头 × 30头 =24万元
精饲料费	6.9元/d × 180d × 30头 ≈3.73万元
粗饲料费	10元/d × 180d × 30头 =5.4万元
水电费	100元
治疗费	20元/头 × 30头 =600元
收入	30头 × 1.5万元 =45万元
利润	11.8万元
头均利润	3933元

案例3：宁夏夏华规模化育肥模式。养殖场购入400kg左右架子牛，头均价格约14000元，运输活重损失1000元，育肥期饲料成本3450元，管理成本110元，人工成本300元，防疫治疗成本5元，育肥出栏收入21440元，头均纯收入2575元。

表1-6 夏华规模化育肥模式成本效益分析表

项目	明细
购牛费	35元/kg × 400kg=14000元
饲料费	23元/d × 150d=3450元
水电燃油等费用	110元
人工费	300元

项目	明细
运输活重损失	1000元
治疗费	5元
收入	32元/kg×670kg=21440元
头均利润	2575元

（二）社会效益

肉牛产业发展带动了饲草料生产、物流运输、有机肥生产等相关产业发展，产值达到66.14亿元。同时，肉牛养殖、饲草料加工、社会化服务等环节直接吸纳农村劳动力42万人。

1. 饲草料生产

全区肉牛饲养量169.1万头，按母牛、育成牛每头年分别消耗饲草料4500元、4000元，育肥牛每头年消耗饲草料3200元计算，年带动饲草料产值63亿元。

2. 物流运输

全区肉牛物流运输测算产值2.4亿元。经调查，活牛运输到华南地区，头均运输成本600元，年外销40万头，产值2.4亿元。

3. 有机肥生产

全区肉牛每年产生粪便990万t，按4t牛粪生产1t有机肥计算，年可加工有机肥约248万t。目前，宁夏每年加工销售有机肥约14.7万t，以每吨500元计算，总产值约0.74亿元。

四、市场供需情况

近年来，我国牛肉供需市场发生了重要变化。一是供给总量不足、价格上涨。2019年，全国牛肉总产量685万t，消费总量923万t，缺口238万t。受全国范围内母牛存栏量减少、育肥架子牛供给偏紧、牛肉消费需求增加与市场供给不足等因素影响，国内架子牛、育肥牛、牛肉价格持续上涨。目前，宁夏育肥架子牛36元/kg左右，出栏育肥牛32元/kg左右，牛肉批发价格63元/kg左右，较2015年分别提高25%、23%和21.2%。二是差异化消费需求增长。冷鲜肉和热鲜肉市场占比高、消费潜力大，冷冻肉市场竞争激烈、消费量较低、增值空间不高。据中国海关公布数据，2019年我国进口牛肉169.5万t，是2017年进口量的2.4倍，年均增长超过50%。进口冷冻牛肉平均价格36.96元/kg，进口冷鲜牛肉平均价格54.20元/kg，比2017年分别增长31.4%和35%。三是牛肉消费市场潜力较大。据《中国农业展望报告（2019—2028）》分析，未来10年，我国牛肉生产量将增长18.8%，年均增长1.7%；人均消费量达到6.9kg，增长20.4%。

表1-7   2017—2019年宁夏出栏肉牛价格

单位：元/kg

	1月	2月	3月	4月	5月	6月	7月	8月	9月	10月	11月	12月	平均
2017	25.40	25.31	24.80	25.19	25.44	25.61	25.61	25.80	25.89	25.39	25.52	25.75	25.4
2018	25.93	26.41	26.06	25.97	25.74	25.78	26.16	26.27	26.54	26.51	26.61	26.90	26.2
2019	27.54	27.74	27.44	27.02	27.10	27.22	27.43	27.91	29.70	31.63	33.35	32.85	28.9

表1-8   2017—2019年牛肉批发价格

单位：元/kg

	1月	2月	3月	4月	5月	6月	7月	8月	9月	10月	11月	12月	平均
2017	56.25	56.18	55.53	55.63	55.74	55.73	55.31	55.66	56.49	57.21	57.74	57.85	56.2
2018	58.55	59.07	57.66	57.33	57.11	56.80	57.08	57.20	58.70	59.15	59.81	60.84	58.2
2019	61.01	61.59	60.77	60.18	59.96	60.18	60.43	61.48	65.64	68.09	70.23	70.08	63.3

注：表1-7、表1-8数据来自2020年农业农村部统计数据。

五、政策扶持情况

2019年，国家和自治区共安排肉牛产业发展项目资金27 662万元，具体如下。

（一）中央扶持资金10 452万元

"粮改饲"项目补助资金2 990万元，加工全株玉米青贮49.5万 t。肉牛良种补贴项目补助资金110万元，冷配改良肉牛11万头。高产优质苜蓿示范基地建设项目补助资金5 562万元，种植优质高产苜蓿9.27万亩。粪污资源化利用项目补助资金1 790万元，支持规模化养殖场配套粪污处理设施设备。

（二）自治区扶持资金17 210万元

肉牛"见犊补母"扩繁项目补助资金14 100万元，繁育犊牛28万头。肉牛良种补贴资金300万元，冷配改良肉牛15万头。饲草料加工利用项目补助资金300万元，支持经营主体机械化种植并收贮苜蓿。肉牛养殖节本增效技术示范补助资金390万元，建设节本增效点20个、绿色循环发展模式示范县1个。建设肉牛社会化综合服务站1个、补贴资金20万元。龙头企业带动肉牛产业发展补助资金1 500万元，支持龙头企业与养殖场（户）建立完善利益联结机制，年订单收购和屠宰加工肉牛5万头。肉牛产业发展补助资金600万元，支持原州区、海原县肉牛产业发展。

第二章　固原市肉牛产业发展概况

第一节　肉牛产业发展历史

固原是古代拱卫中原的边关重镇，具有重要的军事战略地位。固原自古以来就是牧业发达地区，水草丰美，适合游牧，"迭置为边塞，亦野旷游牧之所也"。"牛马衔尾，群羊塞道"，就是当时的历史写照。

西周以前，宁夏主要居住着西戎部落，他们居无定所，逐水草而居，以牧为业，畜牧"为天下饶"。春秋时期，宁夏境内的乌氏和义渠等部族均臣属于建都咸阳的秦国，所养骏马、骆驼、驴、骡等大家畜输入中原。西汉时期，宁夏北部地区已由游牧业发展为灌溉农业，南部山区畜牧业发达，仍以游牧为主。北魏统一北方后，对宁夏的战略地位非常重视，大力繁殖牛、马、骆驼、羊。隋朝时宁夏北部为突厥人占领，由于突厥人喜牧，熟耕良田再度变为牧场，南部地区的畜牧业主导地位还是未改变。唐代，宁夏曾是养马中心，唐代前期在原州设有官马场，设置都监牧使以司其事，都监牧使由原州刺史兼任，下设65监，其中原州境内就有34监，放养官马10余万匹。西夏王朝更加重视传统的畜牧业，曾有"畜牧甲天下"之说，朝廷专置群牧司，以专管畜牧业生产，当时的"党项马""党项牛"驰名中原。宋朝时迫于西域少数民族的威胁，设置估马司，主要收购西夏等国的马、牛、羊等。元朝统一中国后，中原和边疆各少数民族地区经济都得以发展，宁夏畜牧业有了新的发展。但元末朝廷的腐败和农民起义使北方地区的大量田园荒芜，牲畜被宰杀，畜牧业生产遭到破坏。明代，朱元璋将固原地区到中卫香山等地的荒草地赐给藩王经营畜牧业，境内除军屯之外，多为藩王所瓜分的牧地，朝廷在固原、灵武设置养马机构，养马1.4万匹。清代前期，宁夏畜牧业发展水平较高，但随着全国养马中心移向内蒙古和新疆，宁夏养马业随之衰落。同时，清朝废除了明代的藩王分封制，全部土地实行招民开垦，按亩收租。宁夏南部的河谷川道、山间盆地以及浅山缓坡的草场、林地不断被开垦为农田，畜牧业被种植业取代。自乾隆以后，随着引黄灌区的进一步扩大和南部山区种植业的发展，以牧为主的宁夏逐渐演变为以农为主的农牧区，加上畜牧业苛捐杂税重，牲畜疫病流行，畜牧业生产日益凋落。民国时期，固原畜牧业依旧处于原始生产状态，依赖天然草山自由放牧，靠天养畜，再加上战乱不断，生产极不稳定。中华人民共和国成立以来，固原为半农半牧区，畜牧业在农业产值中仅次于种植业而位居第二。中华人民共和国成立70多年来，畜牧业发展曲折，大致可分为1949—1957年的恢复发展时期、1957—1978年的波浪式发展时期和1978年以来的持续发展时期。

本书就1978年以来固原市草畜产业发展做详细介绍。1978—2019年的41年间，固原市草畜产业发展历程大致可分为两个阶段。

一、第一阶段（1978—2000年）

1978年十一届三中全会后，我国实行改革开放政策，放宽了农村经济政策，取消了农民限养、禁养畜禽的规定。1981年在实行家庭联产承包责任制的基础上，将集体饲养的牲畜开始折价保本承包到户，以后又进一步折价归己，由农民家庭私养。国家还调整了各类畜产品的价格，以后又逐步取消统购、派购，放开价格。各级政府增拨支农资金，并采取贴息贷款方式扶持农民特别是重点户、专业户发展牧业，农村改革的深入和农村产业结构的调整，调动了广大养殖户发展养殖业的积极性，全区牧业生产恢复了生机，并重新步入发展的轨道。自治区党委、政府针对宁夏山区、川区的不同特点，制定了"灌区决不放松粮食生产，积极开展多种经营"，山区"种草种树，兴牧促农，因地制宜，农林牧全面发展"的总方针，对山区还采取了免征牧业税、休养生息等政策，增加了对牧业的投入。与此同时，恢复健全畜牧、兽医、草原管理等各级业务机构，落实知识分子政策，提拔、重用科技人员，振兴畜牧科技，推广先进技术，加强对牧业生产的业务管理。为了指导科学养畜，各地采取举办学习班、培训班等多种形式，向农民传授畜禽饲养管理、疫病防治等基础知识，开展技术咨询、技术服务等活动。制止打烧柴、挖药材、滥垦、滥牧等一切破坏草原的行为，人工补播优良牧草，灭除草原毒草及鼠害，改良草场，兴办饲料加工厂，开发和利用饲草饲料资源，引进畜禽良种，选育、改良当地品种，提高畜禽繁殖能力和生产性能。认真贯彻执行"预防为主"的兽医防治方针，坚持以预防猪瘟、鸡新城疫为重点，对其他疫病实行"因病设防"的防治原则。为促进优质畜禽生产，提高经济效益，根据不同地区资源、社会经济、技术发展状况，全区在"七五"期间规划建设了十大畜牧业商品生产基地，发展适度规模经营，固原建立了肉牛商品生产基地，畜牧业商品生产基地的建设使固原畜牧业由产品经济向商品经济转变迈出了重要的一步，经济效益和社会效益十分显著，1989年，泾源肉牛基地黄牛饲养量达25 905头，出栏6 566头，生产牛肉730 t。所有这些措施的实施及先进科学技术的推广应用，使固原畜牧业在国家"五五"计划至"九五"计划的20多年间得到持续发展。

1981年，固原地区各县全面实行农村家庭联产承包责任制，极大地调动了农民的生产积极性，推动了农业生产的迅速发展。1985—1991年，乡镇企业异军突起，国家开始改革农产品流通体系，一方面，坚持"决不放松粮食生产，积极发展多种经营"的方针，按照市场经济规律，支持和鼓励农民发展农村工业、商业、运输业、建筑业和服务业等非农产业，乡镇企业得到长足发展；另一方面，取消了长达30年之久的农产品统派购制度，农产品自由上市、自由交易，市场调节力度加大，鼓励农民进入流通领域，搞活农产品流通。固原集贸市场迅速发展，畜产品流通日益频繁，农业生产逐步迈入市场化轨道，农业社会化服务体系得到完善。1992—2000年，围绕建立社会主义市场经济体制、推进农业产业化经营、建立农村社会化服务体系、1998年自治区制定了《宁夏1998—2002年农业产业化发展规划纲要》，确定了对粮食、肉奶、葡萄酿酒、生物制药等六大产业进行产业化经营，固原肉牛产业得到进一步发展。

值得一提的是，固原的黄牛改良工作始于1978年，当年建立了2个黄牛冷配改良点，当年冷配改良黄牛25头，黄牛的改良向役肉兼用、乳肉兼用方向发展，先后引入秦川牛、短角牛、西门塔尔牛，大大加快了黄牛改良步伐，到2000年，固原地区年冷配改良母牛达到1.3万头。

据统计，1978年固原大家畜存栏182 925头（其中牛81 777头、马11 472匹、驴72 174头），生猪133 113头，羊640 226只，畜牧业产值1 788.2万元，占农业总产值的比重为11.41%。到了2000年，固原大家畜存栏348 397头（其中牛205 487头、马3 515匹、驴108 500头），生猪228 818头，羊299 475只，畜牧业产值达到23 529万元，占农业总产值的比重达23.05%。

国家"五五"计划期间（1976—1980年），固原农业总产值6.77亿元，年均增长7.3%；"六五"期间（1981—1985年），固原农业总产值8.95亿元，年均增长7.4%；"七五"期间（1986—1990年），固原农业总产值14.2亿元，年均增长13.7%；"八五"期间（1991—1995年），固原农业总产值30.92亿元，年均增长14.1%；"九五"期间（1996—2000年），固原农业总产值57.4亿元，年均增长4.3%。

二、第二阶段（2001—2019年）

2002年，自治区制定实施《宁夏优势特色农产品区域布局及发展规划（2003—2007年）》，各地、各有关部门围绕构建引黄灌区现代农业、中部干旱带旱作节水农业和南部山区生态农业"三大区域"产业体系，强力推进特色优势产业扩量提质增效。全区基本形成特色优势产业区域化布局、专业化生产、规模化发展、产业化经营的新格局。

2003年5月1日，自治区党委、政府做出了关于全面禁牧封育和大力发展草畜产业的重大部署。截至2006年年底，全区天然草原产草量比禁牧前平均提高30%，荒漠草原和干草原植被盖度分别提高30%和50%，以紫花苜蓿为主的多年生牧草留床面积由禁牧前的380万亩增加到600万亩，一年生牧草种植面积由50多万亩增加到200万亩，羊只饲养量增长15%，草原围栏1 810万亩，完成退化草原补播改良135万亩。全区草原生态恶化趋势得到有效遏制，草原生态系统得以休养生息，草原植被恢复成效显著，生态建设和草畜产业开始步入良性发展轨道，呈现出强劲的发展势头，为促进农业增效、农民增收和社会主义新农村建设奠定了坚实的基础。但也必须看到，宁夏特色优势产业发展规模总体偏小，集中度不高，市场配置资源的基础性作用尚未得到充分发挥；农业科技创新水平低，支撑能力不强，产业发展方式较为粗放；农产品加工转化能力较低，产业链短，缺乏强势龙头企业的带动；市场化程度低，农产品市场流通体系不健全，大流通的局面尚未形成；农业生产组织化程度低，小生产与大市场的矛盾比较突出；品牌培育滞后，靠品牌开发市场的力度不够；农业投融资渠道单一，风险防范机制不健全，产业发展缺乏必要的金融支持。为认真贯彻落实党的十七届三中全会和自治区第十次党代会精神，根据自治区党委、政府提出的"加快构建特色农业新体系、力促设施农业新发展、推动产业化经营新突破、增强农业装备新实力"重大部署和"一个产业一个规划"的要求以及农业部《全国优势农产品区域布局规划（2008—2015年）》，制定了《宁夏农业特色优势产业发展规划（2008—2012年）》。规划确定以牛羊肉产业为战略性主导产业，基本形成由引黄灌区肉牛肉羊杂交改良区、中部干旱带滩羊生产区和六盘山麓肉牛生产区构成的产业带。积极引进国内外良种牛羊种质资源，健全杂交改良和纯种繁育体系，加快滩羊保护性开发；加强饲草调制和高效饲养技术推广应用，逐步实现牛羊肉标准化、规模化生产；提高养殖效益，增加农民收入，保障市场供给；大力培育龙头企业。

固原自撤地设市以来，自治区党委、政府高度重视固原市草畜产业的发展，自治区农牧厅把固原市肉牛产业列入《宁夏优势特色农产品区域布局及发展规划（2003—2007年）》，制定完善了《自治区人民政府关于印发〈加快推进农业特色优势产业发展若干政策意见〉的通知》和《全面推进宁南山区草畜产业发展的若干政策意见》，明确了政策扶持的内容、办法、标准和机制，为固原市草畜产业发展提供了优惠政策和资金支持。尤其是2006年以来，自治区将固原市确定为六盘山肉牛产业核心区，启动实施了肉牛产业项目，加大了资金投入力度，加快了以肉牛养殖为主的草畜产业发展步伐。固原市审时度势，抢抓机遇，坚持走"生态优先、草畜主导、特色种植、产业开发"之路，按照"扶持典型、示范引导、科学养殖、规模发展"的思路，突出优质基础母牛扩繁补栏和多元化饲草基地建设"两个重点"，主推黄牛冷配改良和饲草料加工调制"两项技术"，抓好基础设施建设、标准化饲养、动物疫病防治、市场营销"四个环节"，以实施"百村肉牛养殖示范工程"为切入点，全力推进草畜产业扩量提质增效，产业发展逐步走上基地规模化、生产标准化、服务社会化、经营产业化、产品品牌化的路子，草畜产业成为农民增收的重要渠道和地方经济可持续发展的特色优势产业。

第二节　肉牛产业发展优势

一、具有养殖黄牛的历史传统

自古以来，固原就是牧业发达地区，沃野千里，水草丰美。早在新石器时代，固原养畜业已经有一定程度的发展。秦汉时期，人们顺天时，量地利，兴水利，开屯田，种树畜长，兴苑广牧，固原成为"牛马衔尾，群羊塞道""饶谷多畜"之地。隋唐时期，固原成为西北畜牧业指挥中心，古丝绸之路穿境而过，推动了当地经济社会的发展。

据《固原市志》记载：1986年，北京大学考古学系和固原博物馆联合对隆德页河子新石器时代遗址进行发掘，并对出土动物骨骼进行检选鉴定，其中猪150头，占出土总个数的一半；羊72只，占1/5；鹿74只，占1/5；狗52只，占1/6；牛17头，马6匹。由此可见，"六畜"已成为养畜业的主体，原始养畜业兴起，成为农业的重要组成部分。

固原市素有养牛传统和丰富的养牛经验，是自治区确定的肉牛产业核心区，近年来，固原市把草畜产业作为农业增效、农民增收的主导产业重点培育，实施生态环境建设、黄牛冷配改良、基础母牛"见犊补母"补贴、肉牛科技示范等工程，肉牛集约化、标准化、产业化水平进一步提高，市场竞争力逐步增强，实现了由传统养牛业向现代养牛业的初步转变。

二、具有冷凉的自然气候条件

固原市地处我国黄土高原的西北边缘，位于宁夏南部六盘山区，被誉为黄土高原上的"绿岛"，是避暑胜地，其"灵植遍山"的生态环境和"冬无严寒，夏无酷暑"的独特气候，为肉牛生长提供了得天独厚的气候环境。固原属典型的中温带半干旱气候类型，年平均日照时数2 518.2 h，年平均气温6.2℃，年平均降水量492.2 mm、60%~70%的降水集中在7、8、9三个月，无霜期127~169 d。耕地资源589.5万亩，境内分黄土丘陵沟壑区、河谷川道区和阴湿土石山区，土壤类型以黄绵土、黑垆土、灰钙土为主，是一个以旱作农业为主的农业地区，农业生产具有多样性，盛产牛羊肉、牧草等。六盘山区没有大型工业污染源，其特有的气候、地理、土壤、水质和牧草等生态环境奠定了固原养牛基础，在当地特有的自然环境和冷配改良双重选择下，形成了固原黄牛品牌，深受消费者青睐，产品远销上海、广州、西安、兰州、银川等区内外大中城市，同时远销国外中东地区，市场供不应求，牛肉价格一直坚挺。

三、政策扶持有利于固原肉牛产业的蓬勃发展

固原市按照中央和自治区党委、政府把宁南山区建成引领西北、示范周边、面向全国的生态农业示范区要求，始终将草畜产业发展当作一项长期战略任务来抓，制定了《固原市扶贫攻坚总体规划》，以建立"百万头肉牛养殖基地"为目标，每年安排1000万元项目资金扶持草畜产业，将肉牛养殖作为支柱产业给予重点扶持。出台了一系列优惠政策，加大信贷投资及贷款贴息力度，重点扶持肉牛集中育肥场、"家庭牧场"和专业养殖大户；鼓励和扶持肉牛养殖户繁育良种肉牛，实施"见犊补母""小母牛计划"等良种母牛补偿机制；加强动物疫病防控体系建设，保障畜产品质量安全；放宽土地使用政策，鼓励农民利用生态移民迁出区耕地、撂荒地种植优质牧草，发展特色肉牛养殖。以保护发展良种基础母牛为关键环节，推进基础母牛建档立卡和信息化管理建设，以提高饲草种植加工调制为抓手，成立肉牛养殖融资担保基金，加大信贷扶持力度，夯实产业基础、突破发展瓶颈、提升产业层次，全力打造固原市草畜产业快速发展的"升级版"。市、县（区）农牧局、人才办、科技局、扶贫办及移民办等各部门结合工作实际每年制订畜牧业发展计划、落实项目资金、推广实用技术、开展技术培训，为肉牛产业发展提供了组织保障。

四、具有发展肉牛产业的良好机遇

固原市既是古丝绸之路东段北道必经之地，也是革命老区，更是全国集中连片特殊贫困地区。随着国家"一带一路"倡议和扶贫攻坚工程的实

施，固原市紧紧抓住发展机遇，立足资源禀赋，发挥人文优势，加快经济发展。"十二五"期间，固原市贫困人口由50.1万人下降到26.7万人，贫困发生率由32.8%下降到17.9%，农民人均可支配收入由3 477元增长到7 002元，扶贫工作取得了显著成效。固原市作为宁夏唯一的全域贫困市，现在依然还有26.7万贫困人口，占全区贫困人口的46%；贫困村435个，占全区贫困村的54.3%。在经济下行压力加大的背景下，固原市也面临着就业和增收难度增大、已经脱贫的农户有可能再次返贫以及贫困户长期实现稳定脱贫难度大等现实困难。"十三五"时期是固原市打赢脱贫攻坚战、全面建成小康社会的决战决胜期，为确保2018年实现贫困人口脱贫、贫困县全部摘帽目标，固原市委、政府审时度势，认真贯彻落实创新、协调、绿色、开放、共享五大发展理念，全面制定固原市"十三五"扶贫攻坚规划，实施产业提质增效工程，把产业发展作为增加城乡居民收入的主要来源，在全市重点实施"3+X"产业发展模式［"3"即在全市范围内发展草畜产业、林下经济和全域旅游，"X"即各县（区）根据实际自主选择发展马铃薯、冷凉蔬菜、中药材、小杂粮等产业］。加强农业科技成果推广和农民培训，积极培育新型农业经营主体，培育农产品加工销售龙头企业，培育和扩大稳定的目标市场，打响六盘山生态农产品品牌。

五、具有丰富的天然优质牧草

固原市畜牧业是典型的农区畜牧业，2002年退耕还林（草）工程在固原市全面启动。10多年来，全市完成退耕还林（草）和荒山造林466.1万亩，其中退耕地造林254.2万亩，宜林荒山荒地造林211.9万亩，建设生态示范区548万亩。有天然草原349.4万亩，天然草原植被覆盖率由2002年的43%~61%提高到64%~88%，平均产草量由69 kg/亩上升到118 kg/亩，草地生产力提高了近2倍；引进国内外30多种优良牧草品种，初步筛选出适合当地种植的宁苜1号、中苜1号等苜蓿品种，2019年以紫花苜蓿为主的优质牧草留床面积达到300万亩（每年补播更新约30万亩）；种植一年生禾草100万亩、地膜玉米120万亩（其中青贮玉米55万亩），加上农作物秸秆、地埂林草和生态移民迁出区种草转化，年产各类饲草55亿kg、饲草总容畜量达1000万个羊单位，为生态型畜牧业发展提供了丰富的饲草料资源，牧草干物质多，蛋白质含量丰富，饲用价值高。

第三节　肉牛产业发展现状

一、饲草料基地稳固

近年来，固原市坚持"压夏增秋、压粮增草、为养而种、种养结合"的原则，在进一步调整种植业结构的基础上，稳定以紫花苜蓿、驴食草为主的多年生牧草和以甜高粱、燕麦为主的一年生牧草基地建设，加大地膜玉米种植力度，逐年增加青贮玉米种植面积，并有效利用其他农作物秸秆、山野草和林间草。大力推广饲草加工调制技术，提高饲草利用率，基本实现饲草种植多元化、饲草供给多样化，有效减少了饲草浪费现象和缓解了饲草季节性供给不均衡的问题。2018年，固原市以紫花苜蓿为主的多年生牧草留床面积稳定在200万亩，年种植一年生禾草60万亩左右，种植饲料玉米142.18万亩（其中青贮玉米43.5万亩），年加工苜蓿商品草12万t，全市共收贮晾晒打捆苜蓿4042t，包膜青贮苜蓿0.74万t；全株玉米青贮118.88万t，并逐年上升，为草畜产业发展提供了强有力的饲草料保障。

二、饲养总量稳步提升

近年来，在国家和自治区、固原市产业政策的扶持下，固原市肉牛饲养量、存栏量及出栏量逐年递增，且保持平稳的发展势头，说明固原市这些年出台的牧草种植补贴、圈棚建设补贴、担保基金、"见犊补母"补贴等政策适合固原市基本现状，为固原市肉牛产业提供了良好的发展环境，促进了肉牛产业的发展。全市肉牛饲养量113.47万头（其中存栏65.2万头，出栏48.27万头），同比增长2.32%，基础母牛存栏37.61万头（安格斯基础母牛3万头）。牛肉总产量9.73万t。草畜产业提供给农村常住居民人均可支配收入1500元。

据统计，固原市2019年第一季度肉牛饲养量84.51万头，其中存栏65.18万头，出栏19.33万头。

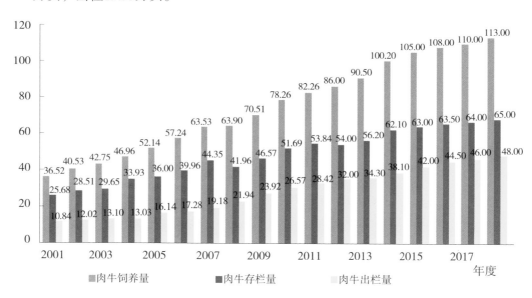

图2-1　固原市2001—2018年肉牛饲养情况

三、规模化养殖发展迅速

截至2019年年底，固原市肉牛养殖场（户）14.3152万户，1~9头养殖户由2001年的185000万户减少到134649户，存栏肉牛35.52万头；10~49头养殖户由2001年的697户增加到7100户，存栏肉牛9.95万头；50~99头养殖户236户，存栏肉牛1.48万头；100~499头养殖户76户，存栏肉牛1.38万头；500头以上肉牛规模化养殖场（公司、园区）10个，存栏肉牛0.87万头；千头以上肉牛养殖示范村180个，万头以上肉牛养殖乡镇36个。

四、良种化程度显著提升

固原市的黄牛冷配改良从20世纪70年代末开始示范推广，先后引进秦川、短角、西门塔尔、利木赞、夏洛莱、皮尔蒙特、安格斯等国内外优良肉牛品种改良当地黄牛，冷配母牛由1978年的25头发展到2018年的16.5万头。1978—2018年，全市累计完成黄牛冷配改良197万头，繁殖成活良种犊牛167.45万头。坚持走"优质＋高端"双轮驱动的肉牛品种改良路线，优质肉牛品种以西门塔尔为主，占全市肉牛品种的比例达到70%以上，利杂、秦杂等品种占20%；高端肉牛品种以安格斯为主，占全市肉牛品种的比例达到10%。肉牛品种改良全面实施人工授精技术，全市肉牛冷配改良站（点）334个，年冷配改良母牛16万头以上，良种化率达到85%以上，黄牛冷配改良实现全覆盖，优质高档肉牛冻精由政府统一采购、免费发放。国家肉牛改良中心固原试验示范站挂牌成立，为肉牛品种改良、繁育提供了科技支撑。

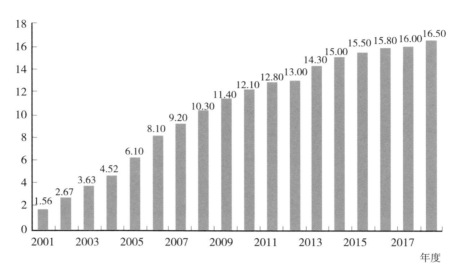

图2-2　固原市2001—2018年黄牛冷配改良情况

五、基础设施显著改善

近年来，固原市肉牛产业在自治区农牧厅、财政厅、扶贫办、科技厅、发改委等部门项目资金的扶持下迅速发展，重点加强暖棚牛舍和青贮池建设力度。全市累计建成标准化暖棚牛舍9.43万栋、695万 m^2，青贮池2.8万座、83万 m^3，投放铡草机8.96万台，分别覆盖53.8%、16.2%和51.9%的养牛户，养牛条件得到很大的改善。

六、建立和探索出基础母牛信息化管理模式

为加强基础母牛管理，建立稳定的基础母牛群，在市委、政府的大力支持下，固原市在全国率先建立了基础母牛信息化管理平台，对全市散养户和规模化养殖场饲养的基础母牛全面进行网络传输登记，通过信息化手段对基础母牛实行一牛一标在线动态管理。

第三章 肉牛品种简介

一、西门塔尔牛

图3-1 西门塔尔母牛

图3-2 西门塔尔犊牛

（一）原产地及分布

西门塔尔牛原产于瑞士西部的阿尔卑斯山区，主要产地为西门塔尔平原和萨能平原，在法国、德国、奥地利等国邻近阿尔卑斯山地区也有分布。西门塔尔牛现已分布到很多国家，成为世界上分布最广、数量最多的乳、肉、役兼用品种之一。

中国分别于1912年和1917年从欧洲引入西门塔尔牛，20世纪50年代末60年代初，又从苏联、前西德、瑞士、奥地利等国多次引入。中国于1981年成立西门塔尔牛育种委员会，建立健全了纯种繁育及杂交改良体系，开展了良种登记和后裔测定工作。中国西门塔尔牛由于培育地点的生态环境不同，分为平原、草原、山区三个类群，种群规模达100万头。

（二）外貌特征

该品种牛毛色为黄白花或淡红白花，头、胸、腹下、四肢多为白色，头较长，面宽；角较细而向外上方弯曲，尖端稍向上。颈长中等；体躯长，呈圆筒状，肌肉丰满；前躯较后躯发育好，胸深，尻宽平，四肢结实，大腿肌肉发达；乳房发育好，成年公牛体重800~1200kg，成年母牛体重650~800kg。

（三）生产性能

西门塔尔牛乳用、肉用性能均较好，平均产奶量4070kg，乳脂率3.9%。在欧洲良种登记牛中，年产奶4540kg者约占20%。该品种牛生长速度较快，平均日增重可达1.35kg以上，生长速度与其他大型肉用品种相近。胴体肉多，脂肪少而分布均匀，公牛育肥后屠宰率可达65%左右。成年母牛难产率低，适应性强，耐粗放管理。总之，该品种牛是兼具奶牛和肉牛特点的典型品种。

（四）肉用特点

西门塔尔牛体形大、生长快、肌肉多、脂肪少，公牛体高可达150~160cm，母牛体高可达135~142cm。腿部肌肉发达，体躯呈圆筒状、脂肪少。早期生长速度快，以产肉性能高、胴体瘦肉多而出名。西门塔尔牛是杂交利用或改良地方品种时的优秀父本，具有典型的肉用性能。不同品种的牛在体格、体形方面是不同的，这使牛的生长率、产肉量和胴体组成方面表现出较大差异。西门塔尔牛育肥期平均日增重1.5~2kg，12月龄的牛体重可达500~550kg；而地方品种的牛日增重仅0.7~1kg，可见差距之大。西门塔尔牛的营养价值高，牛肉蛋白质含量高达8%~9.5%，而且人食用后的消化率高达90%以上。牛肉脂肪能提供大量的热能，牛肉的矿物质含量是猪肉的2倍以上，所以牛肉长期以来备受消费者青睐。西门塔尔牛的牛肉等级明显高于普通牛肉，其肉色鲜红，纹理细致，富有弹性，大理石花纹适中，脂肪色泽为白色或带淡黄色，脂肪有较高的硬度，胴体体表脂肪覆盖率达100%，普通牛肉很难达到这个标准。

二、安格斯牛

图3-3　安格斯母牛

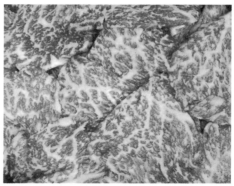

图3-4　雪花牛肉

（一）品种来源

安格斯牛原产于英国东北部的阿伯丁、安格斯，并因此得名，与英国的卷毛加罗韦牛亲缘关系密切。目前分布于世界各地，是英国、美国、加拿大、新西兰和阿根廷等国的主要牛种之一，在澳大利亚、南非、巴西、丹麦、挪威、瑞典、西班牙、德国等国有一定数量的分布。安格斯牛一般指的是黑色的牛种，北美也有人专门养殖红色的安格斯牛，但普遍认为黑色牛种优。

（二）外貌特征

安格斯牛以被毛黑色和无角为重要特征，故也被称为无角黑牛。部分牛腹下、脐部和乳房部有白斑，出现概率约占40%，不视作品种缺陷。红色安格斯牛被毛红色，与黑色安格斯牛在体躯和生产性能方面没有大的差异。安格斯牛体形较小，体躯低矮，体质紧凑、结实。头小而方正，额部宽而额头突起，眼圆大而明亮，灵活有神。嘴宽阔，口裂较深，上下唇整齐，鼻梁正直，鼻孔较大，鼻镜较宽。颈中等长且较厚，垂皮明显，背线平直，腰荐丰满，体躯呈圆筒状，四肢短而直，且两前肢、两后肢间距均较宽，体形呈长方形。全身肌肉丰满，体躯平滑丰润，腰部和尻部肌肉发达，大腿肌肉延伸到飞节。皮肤松软，富弹性，被毛光亮滋润。

（三）生产性能

1. 生长发育

安格斯犊牛平均初生重25~32kg，具有良好的增重性能，在自然随母哺乳的条件下，6月龄断奶体重公犊为198.6kg，母犊为174kg；周岁体重可达400kg，并且达到要求的胴体等级，日增重950~1000g。安格斯成年公牛平均活重700~900kg，高的可达1000kg，成年母牛平均活重500~600kg。成年公牛、母牛体高分别为130.8cm和118.9cm。

2. 产肉性能

安格斯牛肉用性能良好，表现为早熟易肥、饲料转化率高，被认为是世界上各种专门化肉用品种中肉质最好的品种。安格斯牛胴体品质好、净肉率高、大理石花纹明显，屠宰率达60%~65%。据2003年美国佛罗里达州的研究报告，3937头平均为14.5月龄的安格斯阉牛，育肥期日增重（1.3±0.18）kg，胴体重（341.3±33.2）kg，背膘厚（1.42±0.46）cm，眼肌面积（76.13±9）cm²，育肥期饲料转化率为每公斤饲料（5.7±0.7）kg；骨骼较细，仅约占胴体重的12.5%。安格斯牛肉嫩度和风味很好，是世界上唯一一种用品种名称作为肉的品牌名称的肉牛品种。

3. 产奶性能

安格斯牛一直以良好的哺乳能力著称。安格斯母牛乳房结构紧凑，泌乳力强，是肉牛生产配套系中理想的母系。据日本十胜种畜场测定，安格斯母牛挤奶天数173~185d，产奶量639kg，乳脂率3.94%。

4. 繁殖性能

安格斯母牛12月龄性成熟，可在16~18月龄、体重350kg时发情配种，产犊间隔一般12个月左右，短于其他肉牛品种，产犊间隔在10~14个月的占87%。发情周期20d左右，发情持续时间平均21h；发情期受胎率78.4%，妊娠期280d左右。母牛连产性好、长寿，可利用到17~18岁。安格斯牛体形较小、初生重轻，极少难产。

（四）品种特点

（1）生长发育快，早熟，易育肥，易配种。

（2）出肉率高，胴体品质好。12月龄屠宰牛的眼肌面积达32.5 cm^2；肉质呈大理石状。

（3）对环境的适应性强。抗寒、抗病；性情温和，无角，便于放牧管理。其中婆安格斯牛是婆罗门牛和安格斯牛育成的一个品种，以抗热闻名。

（4）分娩难产率低。

（5）缺点是母牛稍有神经质，黑毛色与我国大部分地区的牛种相差大。

三、秦川牛

图3-5　秦川母牛　　　　　　　图3-6　秦川牛场一角

（一）产地与分布

秦川牛因产于陕西省关中地区的"八百里秦川"而得名，其中渭南、临潼、蒲城、富平、大荔、咸阳、兴平、乾县、礼泉、泾阳、三原、高陵、武功、扶风、岐山15个县、市为主产区。此外，陕西省渭南市、甘肃省庆阳市及宁夏固原市亦有少量分布。

（二）外貌特征

秦川牛毛色以紫红色和红色居多，约占总数的80%，黄色较少。头部方正，鼻镜呈肉红色，角短，呈肉色，多向外或向后稍弯曲；体形大，各部位发育均衡，骨骼粗壮，肌肉丰满，体质强健；肩长而斜，前躯发育良好，胸部深而宽，肋长而开张，背腰平直宽广，长短适中，荐骨部稍隆起，一般多是斜尻；四肢粗壮结实，前肢间距较宽，后肢飞节靠近，蹄呈圆形，蹄叉紧、蹄质硬，绝大部分为红色。

（三）生产性能

1. 役用性能

最大挽力：5头种公牛为（475.9 ± 106.7）kg，为体重的71.7%；53头阉牛为（333.6 ± 64）kg，为体重的71.7%；37头母牛为（281.2 ± 87.8）kg，为体重的77%。

最高载重量：用胶轮大车在农村碾麦场上载重挽曳，6头种公牛平均为3 796.5 kg，最高达4 060 kg；10头阉牛平均为2 333.8 kg，最高达4 900 kg；10头母牛平均为3 440.2 kg，最高达3 412 kg。

挽曳速力：用铁轮大车装泥土在农村土路上令牛挽曳，行走1 000 m的挽曳速力，7头阉牛平均为1 m/s，7头母牛平均为1 m/s；恢复正常呼吸、脉搏和体温所需时间，阉牛平均为17 min，母牛平均为20 min。

2. 产肉性能

据邱怀等报告，6月龄牛（公牛5头、母牛8头、阉牛2头）在中等饲养水平下，饲养325 d，到18月龄时，平均日增重：公牛700 g，母牛550 g，阉牛590 g。饲料利用率：每公斤增重耗饲料单位（燕麦单位），公牛7.8 kg，母牛8.7 kg，阉牛9.6 kg。

9头18月龄牛（公牛3头、母牛4头、阉牛2头）的屠宰试验表明，平均屠宰率为58.3%，净肉率为50.5%，胴体产肉率为86.8%；骨肉比为1∶6.1，脂肉比为1∶6.5，眼肌面积为97 cm²。12头22.5月龄牛（公牛4头、母牛6头、阉牛2头）的屠宰试验中，上述屠宰指标相应为：60.7%，52.2%，

86.1%，1∶6~5.5，1∶6.6和87 cm²。13月龄牛的肌肉中总氨基酸含量，臀肌为92.37%，眼肌为93.44%；其中必需氨基酸，臀肌为48.22%，眼肌为42.33%；赖氨酸的含量则分别为9.59%和9.5%。秦川牛肉质细嫩，柔软多汁，大理石花纹明显。

第四章　基础母牛饲养管理

第一节　繁育技术

一、母牛的生殖器官及生殖生理

（一）母牛的生殖器官

母牛的生殖器官主要包括卵巢、输卵管、子宫、阴道，其主要生理功能如下。

1. 卵巢

卵巢位于子宫角尖端两旁，骨盆腔前缘两侧，左右侧各一个。卵巢是卵泡发育和排卵的地方，它的主要功能是产生卵子和排卵，分泌雌性激素和孕酮。卵巢皮质部分分布着许多原始卵泡，经过各发育阶段，最终排出卵子。排卵后，在原卵泡处形成黄体，黄体能分泌孕酮。

在卵泡发育过程中，包围在卵泡细胞外的两层卵巢皮质基质细胞形成卵泡膜，卵泡膜分为内膜和外膜。内膜分泌雌性激素，以促进其他生殖器官及乳腺的发育，也是导致母牛发情的直接原因。

2. 输卵管

输卵管位于卵巢和子宫角之间，是一条细而弯曲的管道，被输卵管系膜包于其内。它的前端扩大呈漏斗状，称输卵管伞，其前部附着在卵巢前端，是接受精子的地方。输卵管的前1/3处比较粗大，为输卵管壶腹部，是卵子受精的部位。输卵管的功能是运送卵子，它也是精子获能、受精以及卵裂的地方。

输卵管上皮的分泌细胞在卵巢激素的影响下，在不同的生理阶段，分泌出不同的精子、卵子及早期胚胎的培养液。输卵管及其分泌物的生理生化状况是精子及卵子正常运行、合子正常发育及运行的必要条件。

3. 子宫

子宫分为子宫角、子宫体和子宫颈三部分。子宫角为子宫的前端，前端通输卵管，后端会合而成子宫体。子宫角分左右两个，分别同两条输卵管相连，它的基部较粗，向前逐渐变细，从外表看，两侧子宫角基部形成一条纵沟，称子宫角间沟。

子宫体是两个子宫角会合后的一段，与子宫颈相连，长约4厘米。子宫体向后延伸为子宫颈，平时紧闭，不易开张，子宫颈后端开口于阴道，又称子宫颈外口。子宫是胚胎发育成胎儿并供给其营养的地方。

4. 阴道

阴道位于骨盆腔内，在直肠的下面，前端接子宫，后端与尿生殖前庭相连，它是交配的器官和胎儿分娩的产道，也是交配后的精子储存库，精子在此处聚集和保存，并不断向子宫供应精子。

（二）母牛初情与性成熟

初情期是指母牛初次发情或排卵的年龄。此时母牛虽有发情表现，但生殖器官仍在继续生长发育；虽有配种受胎能力，但身体的发育尚未完成，故还不宜配种，否则会影响到母牛的生长发育、使用年限以及胎儿的生长发育。初情期因品种、饲养条件及气候不同而异。黄牛性成熟年龄为8月龄左右，水牛为12月龄左右。

（三）初配年龄

牛的身体发育成熟后才能配种，配种不能过早，但也不能过迟。牛性成熟后，体重达到成年牛体重的70%左右（300kg以上）即可配种。因品种、饲养条件和气候不同，配种月龄有差异。母牛首次配种时间为16~18月龄。

（四）发情周期

发情周期指一次发情开始到下一次发情开始的间隔时间。黄牛的发情周期一般为18~24d（平均21d）。发情期间，母牛从开始发情至发情结束的时间称为发情持续期。黄牛的发情持续期为1~2d，适合配种的时间为发情后12~20h内，一般配2次，每间隔6~8h再配1次。因发情持续期有个体差异，在实践中要掌握规律，摸索经验。

（五）发情鉴定

1. 外部观察法

观察母牛的外部表现和精神状态，以牛的性兴奋、外阴变化等判断其是否发情和发情程度。根据母牛表现可分为3个时期。

发情初期：发情牛爬跨其他母牛，神态不安，哞叫，但不愿接受其他牛的爬跨，外阴部轻微肿胀，黏膜充血呈粉红色，阴门流出透明黏液，量少而稀薄如水样，黏性弱。

发情中期（高潮期）：母牛很安静地接受其他牛的爬跨（称为稳栏现象），发情的母牛后躯可看到被爬跨留下的痕迹。阴门中流出透明的液体，量增多，黏性强，可拉长，呈粗玻璃棒状，不易扯断。外阴部充血，肿胀明显，褶皱减少，黏膜潮红，频频排尿。

发情后期：此时母牛不再接受其他牛的爬跨，外阴部充血、肿胀开始消退，流出的黏液少，黏性弱。

2. 阴道检查法

采用开膛器张开阴道，观察阴道壁的颜色和分泌的黏液、子宫颈的变化。发情时，牛的阴道湿润、潮红，有较多黏液，子宫颈口开张，轻度肿胀。此法不能精确判断发情程度，已不多用，但有时可作为母牛发情鉴定的参考。

3. 直肠检查法

将手臂伸进母畜的直肠内，隔着直肠壁用手指触摸卵巢及卵泡，判断卵巢的大小、形状、质地，卵泡发育的部位、大小、弹性，卵泡壁的厚薄以及卵泡是否破裂、有无黄体等。发情初期卵泡直径1~1.5cm，呈小球形，部分突出于卵巢表面，波动明显；发情中期（高潮期）卵泡液增多，卵泡壁变薄，紧张而有弹性，有一触即破的感觉；发情后期卵泡液流出，形成一个小的凹陷。

二、人工授精技术

牛人工授精是指用器械采集公牛的精液，经过处理、保存后，再用器械把精液输入发情母牛的生殖道，使其受孕。牛人工授精技术可以快速扩大良种数量，有效提高优秀种公牛的利用率，已成为现代畜牧业的重要技术之一。

（一）适时输精

生产中，如果1个发情期输精1次，要在母牛拒绝爬跨后6~8 h 内进行；若1个发情期输精2次，要在第1次输精后间隔6~10 h 再进行第2次输精。老龄、体弱和夏季发情的母牛发情持续期相对缩短，配种时间要适当提前。可利用直肠检查法掌握母牛卵泡发育情况，在卵泡成熟时输精，受胎率最高。排卵后输精，受胎率显著降低。一般情况下，母牛发情（高潮）期只有1~2 d，如发现上午发情，则应下午配种，下午发情，则应第二天早晨配种，但也有个体差异，在实践中要掌握个体规律。

（二）人工授精步骤

1. 冻精解冻

主要有自然解冻、手搓解冻和温水解冻3种方法，其中以温水解冻效果最佳。水温控制在（40±2）℃，将冻精从液氮内取出，快速放入温水中，左右轻轻摇动10~15次取出擦干即可，要求显微镜检查活力达到0.35方可使用。

2. 装冻精管

将细管冻精解冻后，用毛巾拭干水渍，用锋利剪刀剪掉封口部，将输精推杆拉回10 cm，并将细管有棉塞的一端插入输精推杆深约0.5 cm，套上外套管。

3. 人工授精方法

直肠把握输精法最常用，又称直肠把握法。先把母牛保定在配种架内（已习惯直肠检查的母牛可在牛床上进行），将尾巴用细绳拴好后拉向一侧，然后清洗、消毒外阴部并擦干。配种员手臂上涂润滑剂，一只手五指并拢，捏成锥形，徐徐伸入直肠使宿粪排出，向盆腔底部前后、左右探索子宫颈，将其纵向握在手中，用前臂下压会阴，使阴门开张，另一只手执输精枪插入阴门，先向斜上前方插入10~15 cm越过尿道口，再转为平插直达子宫颈，这时要把子宫颈外口握在手中，假如握得太靠前会使颈口游离下垂，造成输精枪不易对上颈口。两手互相配合，使输精枪插入子宫颈口，并到达子宫颈或子宫体，输精，缓缓抽出输精枪（管）。操作过程中，个别牛努责剧烈，应握住子宫颈向前方推，以便插入输精枪。操作时动作要谨慎，防止损伤子宫颈和子宫体。特别注意的是在输精操作前要确定是空怀发情牛，否则易导致母牛流产。直肠把握法的优点是受胎率比阴道开张法高，使用器械简单，操作方便。

三、早期妊娠诊断技术

牛早期妊娠诊断对提高牛群繁殖率、减少空怀具有重要意义。通过早期妊娠诊断，可尽早确定母牛输精后妊娠与否，从而采取相应的饲养管理措施。对已受胎母牛，应加强饲养管理，保证母体和胎儿健康，防止流产。对未受胎母牛，要及时查找原因，采取有效的治疗措施，促使其再发情、受孕，尽量减少空怀天数。

（一）外部观察法

母牛输精后，到下一个发情期不再发情，且食欲和饮水量增加，上膘快，被毛逐渐光亮、润泽，性情变得安静、温顺，行动迟缓，常躲避追逐和角斗，放牧或驱赶运动时，常落在牛群后面。怀孕5~6个月时，腹围增大，腹壁一侧突出；8个月时，右侧腹壁可触到或看到胎动。外部观察法在妊娠中后期比较准确，但不能在早期做出确切诊断。

（二）直肠检查法

直肠检查法是用手隔着直肠壁通过触摸检查卵巢、子宫以及胎膜的变化来判断是否妊娠以及妊娠期的长短。妊娠初期，一侧卵巢增大，可在卵巢上摸到突出于卵巢表面的黄体，子宫角粗细无变化，但子宫壁较厚并有弹性。妊娠1个月，两侧子宫角不对称，一侧变粗，质地较软，有波动感，绵羊角状弯曲不明显。妊娠2个月，孕角比空角粗1~2倍，并变长而进入腹腔，角壁变薄变软，波动感较明显，孕角卵巢前移至耻骨前缘，子宫角间沟变平。妊娠3个月，子宫角间沟消失，子宫颈移至耻骨前缘，孕角比空角大2~3倍，波动感更加明显。妊娠4个月，子宫和胎儿已全部进入腹腔，子宫颈变得较长且粗，抚摸子宫壁时能清楚地摸到许多硬实的、滑动的、通常呈椭圆形的子叶，孕角侧子宫动脉有较明显波动。直肠检查法是早期妊娠诊断最常用、最可靠的方法，根据生殖器有无变化，可判断母牛是否妊娠及妊娠期的长短。检查时动作要轻缓，力度不能过大，以免伤及子宫造成流产。应用直肠检查法进行早期妊娠诊断时，要根据子宫角形状、大小、质地及卵巢的变化综合判断。

第一，注意孕期发情。母牛配种后20 d，且已怀孕，偶尔也有发情表现，采用直肠检查法检查时怀孕症状不明显，无卵泡发育，外阴部虽有肿胀表现，但无黏液排出，不应配种。

第二，注意特殊变化。怀双胎的母牛在怀孕2个月时，两侧子宫角是对称的，不能依其对称而判为未孕。要正确区分怀孕子宫和子宫疾病。怀孕90~120 d的子宫容易与子宫积液、积脓等相混淆，积液或积脓使一侧子宫角及子宫体膨大，重量增加，子宫有不同程度的下沉，卵巢位置也随之下降，但子宫并无怀孕症状，无子叶出现，积液可由一角流至另一角。积脓的子宫水分被子宫壁吸收一部分，脓汁变稠，在直肠内触之有面团状感。对子宫积液、积脓的诊断，须与阴道检查法相结合进行。最好间隔一定日期多次检查确诊。

第三，注意区分怀孕子宫与充满尿液的膀胱。怀孕60~90 d的子宫可能与充满尿液的膀胱混淆，特别是怀孕2个月的子宫，收缩时变为纵椭圆形，横径约一掌宽，像充满尿液的膀胱。但子宫前有子宫角间沟，后有子宫颈，胎胞表面光滑，质地均匀。膀胱轮廓清楚，两侧没有牵连物，表面不光滑，有网状感。如果区分不清楚，可等待片刻或牵遛运动后，使其排尿后再进行检查，对比前后变化。

（三）阴道检查法

阴道检查法是根据阴道黏膜色泽、黏液、子宫颈的变化来确定母牛是否妊娠。母牛输精1个月后，检查人员将开膣器插入阴道，有阻力感，且母牛阴道黏膜干涩、苍白、无光泽。怀孕2个月后，子宫颈口附近有黏稠液体，量很少。怀孕3~4个月，子宫颈口附近黏液增多且变浓稠，呈灰白色或灰黄色，形如糨糊，子宫颈紧缩关闭，有糨糊状的黏液块（即宫颈黏液栓）堵塞于子宫颈口。阴道检查法对检查母牛妊娠有一定的参考价值，但准确率不高。

（四）子宫颈黏液诊断法

取子宫颈部少量黏液，用以下方法进行诊断。

（1）将黏液放入30~38℃温水中，1~2min后仍凝而不散则表明已怀孕，散开则表示没有怀孕。

（2）加1%氢氧化钠溶液2~3滴，混合后煮沸。黏液完全分解，颜色由淡褐色变为橙色或褐色者为妊娠。

（3）将黏液放入比重为1.002~1.01的硫酸铜溶液中，呈块状沉淀者为妊娠，上浮者为未妊娠。

（五）乳汁诊断法

将3%硫酸铜溶液1mL加到0.5~1mL乳汁中，乳汁凝结为怀孕，不凝结为未怀孕。也可取1mL乳汁放入试管中，加1mL饱和氯化钠溶液，振荡后再加0.1%氧化镁溶液15mL振荡20~25s，然后将其置于开水中1min，取出静置3~5min后观察，如形成絮状物或沉在下半部表明怀孕，不形成絮状物或集于上半部表明未怀孕。

（六）尿液诊断法

取母牛清晨排出的尿液20mL放入试管中，先加入1mL醋，再滴入2%~3%医用碘酊1mL，然后用火缓慢加热煮沸。试管中溶液从上到下呈红色表明怀孕，呈浅黄色、褐绿色且在冷却后颜色很快消退则表明未怀孕。

（七）超声波妊娠诊断法

超声波妊娠诊断法是将超声的物理性质和物体组织结构的声学特点密切结合的一种物理学检查法，是利用超声波仪探测胎水、胎体及胎心搏动、血液流动等情况进行诊断。此法操作简单、准确率高，已逐渐被广泛用于母牛的早期妊娠诊断。此法一般在配种后30 d 左右才能探测出比较准确的结果。

第二节　养殖技术

以繁殖母牛各阶段的生理特点和营养需求为基础，配制科学经济的日粮，实施精细化饲养管理，使母牛保持适宜体况，确保顺利产犊。

一、妊娠母牛饲养管理

（一）饲养技术要点

妊娠前期（怀孕0~3个月）主要以母体生长发育为主。此时母牛对营养需求量不大，保证中上等膘情即可，不可过肥。营养的补充应以优质青粗饲料为主，适当搭配少量精饲料。要保证维生素（预混料）及微量元素（舔砖）的供给。

妊娠中期（怀孕4~6个月）重点是保证胎儿发育所需要的营养。可适当补充营养，但要防止母牛过肥和难产。应适量增加精饲料饲喂量，多供给蛋白质含量高的饲料。每天补充精饲料1~2 kg。

妊娠后期（怀孕7个月至分娩）营养补充以精饲料为主，但日粮饲喂量不能过多，避免胎儿过大。注意补充维生素和微量元素。粗饲料以优质青贮、青干草为主，精饲料要营养全价，维生素、矿物质含量高。每天补充精饲料2~3kg，日粮粗饲料占70%~75%，精饲料占25%~30%。

表4-1　妊娠母牛参考精粮配方

原料名称	配方1	配方2
玉米	60%	60%
麸皮	19%	10%
胡麻饼	18%	—
食盐	1%	—
预混料	2%	—
浓缩料	—	30%

表4-2　妊娠母牛参考日粮配方

原料名称	配方1/kg		配方2 / kg	
	前中期（0~6个月）	后期（产前3个月至产犊）	前中期（0~6个月）	后期（产前3个月至产犊）
精饲料	1	2	1.5~2	2.5
玉米青贮	10	10	—	—
玉米干草	2	2	—	—
苜蓿干草	2	2	—	—
稻草青贮	—	—	8	10
小麦秸秆	—	—	3	3
玉米秸秆	—	—	4	3

注：参考日粮营养水平为能量低于国标10%，粗蛋白质低于国标5%。

（二）管理要点

母牛妊娠期管理主要是做好妊娠母牛保胎工作，保证胎儿正常发育和安全分娩，防止孕牛流产。

日粮应以优质青粗饲料为主，适当搭配精饲料，怀孕母牛不宜饲喂或少量饲喂棉籽饼、菜籽饼、酒糟等饲料。

实行分群管理，将孕牛与未孕牛分开饲养。怀孕母牛不能喂冰冻、发霉、腐败的饲草、饲料。保证饮水充足、清洁、适温，温度不低于10 ℃。

适当运动，保证母牛体质良好，利于分娩。防止驱赶、跑、跳运动，防止相互顶撞和在湿滑的路面行走，以免造成机械性流产。

必须满足妊娠母牛的营养需要，加强饲养管理，对患有习惯性流产的母牛，喂安胎中药或注射黄体酮等药物。

保持牛体和圈舍卫生，定期消毒。圈舍环境应保持干燥、清洁，注意防暑降温和防寒保暖。

及时转群，计算好预产期，产前2周转入产房。产房要求清洁、干燥、安静，并在母牛进入产房前使用消毒液进行彻底消毒，地面铺以清洁、干燥、卫生（日光晒过）的柔软垫草。做好产前准备和分娩后的护理工作。

二、哺乳母牛饲养管理

（一）产后护理

分娩母牛适当休息后，应立即让其站立行走，并饲喂或灌服10~15 L温热的麸皮盐水（温水10~15 L、麸皮1 kg、食盐50 g）或益母生化散500 g加温水10 L。同时注意产后观察和护理。刚分娩后，观察母牛是否有异常出血，如发现持续、大量出血应及时找出出血原因，并进行治疗。分娩后12 h，检查胎衣排出情况，如果12 h内胎衣未完全排出，应按照胎衣不下进行治疗。分娩后7~10 d，观察母牛恶露排出情况，如果发现恶露颜色、气味异常，应及时进行治疗。

（二）饲养管理

1. 泌乳初期

泌乳初期指母牛产后15d内的阶段，是母牛的产后恢复期。分娩后最初几天，要限制精饲料及根茎类饲料的饲喂量。分娩后2~3d，日粮以易消化的优质干草和青贮饲料为主，补充少量混合精饲料，精饲料粗蛋白质含量要达到12%~14%，富含必需的矿物质、微量元素和维生素；每日饲喂精饲料1.5kg、青贮饲料4~5kg，优质干草2kg。分娩4d后，逐步增加精饲料和青贮饲料饲喂量。同时，注意观察母牛采食量，并依据采食量变化调整日粮饲喂量。

2. 泌乳盛期

泌乳盛期指母牛产后16d至2个月的时期，是母牛产奶量最大的阶段。此阶段母牛身体逐渐恢复，泌乳量快速上升，应增加日粮饲喂量，并补充矿物质、微量元素和维生素。每天饲喂精饲料3~3.5kg，青贮饲料10~12kg，优质干草1~2kg。日粮干物质采食量9~10kg，粗蛋白质含量10%~12%。日粮精饲料、粗饲料比例控制在50∶50左右。

3. 泌乳中期

泌乳中期指母牛产后2~3个月的时期。此期母牛泌乳量开始减少，采食量达到高峰，应增加粗饲料饲喂量，减少精饲料饲喂量。每天饲喂精饲料2.5kg左右，青贮饲料10~12kg，优质干草1~2kg。日粮精饲料、粗饲料比例控制在40∶60左右。

4. 泌乳后期

泌乳后期指母牛产后3个月至犊牛断奶的时期，时间1个月左右。这个阶段应多供给优质粗饲料，适当补充精饲料，为了使母牛保持中上等膘情，每天精饲料饲喂量应不少于2kg。如果有苜蓿干草或青绿饲料，可适当减少精饲料饲喂量。日粮精饲料、粗饲料比例控制在30∶70左右。

表4-3 哺乳母牛参考精粮配方

原料名称	配方1（西门塔尔牛）	配方2（秦川牛）
玉米	47.5%	53%
麸皮	13%	17%
胡麻饼	—	12%
棉粕	13.5%	10%
菜粕	11%	—
干全酒糟（DDGS）	10%	3%
食盐	—	—
预混料	5%	5%
磷酸氢钙	—	—
石粉	—	—

表4-4 哺乳母牛参考日粮配方

原料名称	配方1 / kg	配方2 / kg
	哺乳期	哺乳期
精饲料	2.5	2.5
玉米青贮	16	12
小麦秸秆	2	1
苜蓿干草	—	1

第五章 犊牛和育成牛饲养管理

第一节 犊牛饲养管理

图5-1 犊牛养殖场一角

犊牛是指从初生至断奶（6月龄）的幼牛。这一阶段，牛对不良环境的抵抗力弱、适应性差，但这也是它整个生命活动过程中生长发育最迅速的时期。为提高牛群生产水平和品质，必须加强犊牛的饲养管理。

一、犊牛的消化特点

（一）瘤胃的消化特点

初生犊牛瘤胃容积小，瘤胃、网胃、瓣胃三胃容量之和仅占胃总容量的30%，机能也不发达；而皱胃容积最大，占70%。3周龄后，瘤胃逐渐开始发育，到6周龄后，前三胃容量之和占胃总容量的70%，而皱胃下降为30%。到12月龄已接近成年牛胃容积的比例。

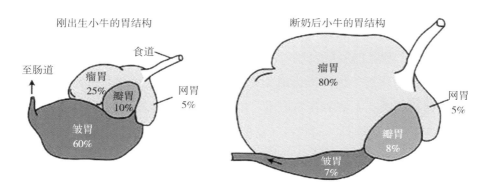

刚出生小牛的胃结构

断奶后小牛的胃结构

食道

至肠道

瘤胃
25%

瓣胃
10%

网胃
5%

皱胃
60%

瘤胃
80%

网胃
5%

瓣胃
8%

皱胃
7%

图5-2　瘤胃的发育

（二）消化机能的完善

犊牛初生时胃肠空虚，缺乏分泌反射，直到吸吮初乳进入皱胃后，刺激胃壁开始分泌消化液，才初具消化机能，但此时尚不具备消化植物性饲料的能力。这是因为前三胃尤其是瘤胃尚不具备消化机能，出生后数周，由于吃饲料、饮水等使微生物一并进入瘤胃寄生繁殖，犊牛才具备了消化机能，并且逐步完善。

（三）反刍

出生后3周龄出现反刍，说明瘤胃内已有微生物活动并参与消化过程。据此，为了促进瘤胃消化，犊牛出生后提早补喂草料是促进微生物繁殖和加速瘤胃发育的一种有效方法。

二、犊牛的饲养

（一）初乳期饲养

犊牛出生后10~20 d是培育的关键时期。

1. 初乳的作用

母牛产犊后1周内分泌的乳汁叫初乳。初乳对犊牛有很多特殊的作用。一是初乳有较大的黏度。初生犊牛消化道不分泌黏液，初乳由于具有较大的黏度能代替黏液而覆盖在胃肠壁上，可防止细菌直接入侵。二是初乳有较高的酸度。初乳的酸度为36~53°T。这种酸度既能有效地刺激胃黏膜产生胃酸和各种消化液，保护消化道免受病菌侵害，又能有利于初乳的消化吸收。三是初乳含有丰富的营养物质。初乳中蛋白质含量是常乳的4~5倍，且多数是球蛋白、白蛋白，可提供大量的免疫球蛋白，以增强犊牛的抵抗力；钙和磷的含量为常乳的2倍；还含有较多的镁盐，具有轻泻作用，能促进胎粪的排出；维生素A、维生素D、维生素E比常乳高4~5倍。因此，初乳是初生犊牛最理想的、不可代替的天然食物，但其成分含量随时间推移而逐渐下降。例如胡萝卜素的含量，第1天挤出的初乳中，每公斤含6464mg，第3天挤出的初乳中，每公斤含1992mg，第5天时仅为6mg。因此，哺喂犊牛必须注意一开始就让其吃足初乳。

2. 初乳的喂量

犊牛出生后0.5~1h，能自行站立时，就应喂第1次初乳。初乳的喂量根据犊牛体重和健康状况而定。如一头重35kg的健康犊牛，第1次喂乳应尽量让其吃足，喂量应不少于1kg，以后可按其体重的1/7~1/6喂给，连续喂5~7d初乳，每昼夜喂5~6次。若初乳温度低则要加热至37~38℃再喂，但温度不宜太高，若超过40℃，初乳会凝固而不易消化。

哺喂犊牛必须定时、定量、定温。母牛的初乳若不能利用或分泌不足时，可配制人工初乳来代替。配方：鲜奶1kg，鸡蛋2~3个，食盐10g，鱼肝油15g，配好后充分拌匀，加热至38℃后喂。

（二）常乳期饲养

犊牛经哺喂5~7d初乳后，即转为常乳哺喂。目前，犊牛的哺乳期已由原来的6个月缩短为3~4个月，总喂乳量为300~500kg，日喂2~3次，每天的喂量可按犊牛体重的1/10左右计算。

喂乳常用的方法有两种。

1. 自然哺乳

自然哺乳即让犊牛跟随母牛自由哺乳。这是一种较原始的方法，只适于产奶量低的役用牛和肉用牛。此方法的优点是节省人力，犊牛不易得肠炎、下痢等疾病；缺点是易发生传染病，母牛的产奶量也无法统计，母牛产后发情期推迟。所以乳用牛及兼用牛不宜采用这种哺乳方法。

2. 人工哺乳

乳用及兼用犊牛均采用人工哺乳方法。哺乳用具有奶壶、奶桶，但最好用奶壶喂乳，奶壶上的橡皮乳嘴的流乳孔直径以1~2mm为宜。初生犊牛开始不会吸吮乳汁，饲养员可将两个手指洗净后浸入乳汁中，然后将手指塞进犊牛嘴里，如此反复诱导2~3次，犊牛即可自动吸吮。

用奶壶进行人工哺乳可以防止犊牛猛饮而造成乳汁呛入肺部，并可按每头犊牛的具体情况掌握喂乳量，有利于乳汁的保温和清洁，也可培养犊牛温驯的性情。

（三）植物性饲料的补饲

1. 隔栏补饲、早期断奶

提早训练犊牛吃植物性饲料，能促进瘤胃发育，使其尽早反刍，同时可防止舔食脏物。一般在犊牛出生后15d左右供给优质补饲料，任其自由采食，训练咀嚼。具体方法：在母牛舍一侧或舍外设置犊牛栏，栏内一侧设置精饲料槽、粗饲料槽和水槽，在料槽内分别放入犊牛颗粒料、优质干草（苜蓿草、青干草等），训练犊牛自由采食。到3~4月龄能每天采食1~1.5kg补饲料时即可断奶。断奶后，逐步停止饲喂颗粒饲料，增加粉状精饲料、优质牧草及秸秆饲喂量。

2. 犊牛补饲料配制

犊牛补饲精饲料一般以颗粒饲料为主。颗粒饲料参考营养水平：粗蛋白质18%~20%，钙1%~1.2%，磷0.5%~0.8%。4月龄断奶犊牛精饲料参考营养水平：粗蛋白质大于15%、钙0.8%~1.1%、总磷0.6%~0.8%。

表5-1 犊牛4月龄断奶补饲参考方案

单位：kg

哺育犊牛	颗粒饲料	干草	粉状精饲料	哺乳次数
1月龄	0.1~0.2	—	—	每日2次（早晚）
2月龄	0.3~0.6	0.2	—	每日1次（早）
3月龄	0.6~0.8	0.5	0.5	隔1日1次（早）
4月龄	0.8~1.0	1.5	1.5	隔2日1次（早）

3. 水的供给

水是机体新陈代谢不可缺少的物质，为使犊牛迅速生长发育，必须及早训练饮水。初乳期每次喂乳后1~2 h补饮温开水1~2 kg，15~20日龄改饮清洁凉水，1月龄后可在运动场饮水槽自由饮水。

三、犊牛的管护

（一）清理黏液

犊牛出生后，清理其口腔、鼻腔和身上的黏液。对于助产、少量吸入羊水的新生犊牛，在第一时间内用助产绳系住两后肢将其倒吊挂起，让口鼻内的黏液自行流出或用手清除，呼吸正常后放下来，让母牛舔食干净其身上的黏液。冬季出生的犊牛要注意保暖，可用干草或毛巾擦干犊牛身上的黏液，然后用热源慢慢使其被毛干燥。

（二）断脐消毒

犊牛呼吸正常后，将脐带内血液清理干净，用5%碘酊涂抹消毒，防止感染。

（三）卫生

每次哺乳完毕，用毛巾擦净犊牛口周围残留的乳汁，防止互相乱舔而导致"舔癖"。喂乳用具要清洁卫生，使用后及时清洗干净，定期消毒。犊牛栏要勤打扫，常换垫草，保持干燥；阳光充足，通风良好。

（四）运动

充分运动能提高代谢率，促进生长。犊牛从5日龄开始每天可在运动场运动15~20min，以后逐渐延长运动时间。1月龄时，每天可运动2次，共1~1.5h；3月龄以上，每天运动时间不少于4h。

（五）分群

犊牛出生后立刻将其移到犊牛舍单栏饲养，以便精心护理（栏的大小为1~1.2m²），饲养7~10d后转到中栏饲养，每栏4~5头。2月龄以上放入大栏饲养，每栏8~10头。犊牛应在10日龄前去角，以防止相互顶伤。

（六）护理

每天要注意观察犊牛的精神状态、食欲和粪便，若发现有轻微下痢时，应减少喂乳量，可在奶中加水1~2倍稀释后饲喂；下痢严重时，暂停喂乳1~2次，并报请兽医治疗。每天用软毛刷子刷拭牛体1~2次，以保持牛体表清洁，促进血液循环，并使人畜亲和，便于接受调教。

第二节 育成牛饲养管理

育成牛是指断奶至第一次产犊前的小母牛或开始配种前的小公牛。育成期，牛的体形变化、体重增长最快，也是生殖机能迅速发展并达到性成熟的时期。育成牛饲养管理在整个肉牛饲养过程中起承上启下的作用。培育的目标是通过科学合理的饲养，使牛保持较高的增重速度，心血管系统、生殖系统、消化系统、呼吸系统和肢蹄得到良好发育，按时达到理想体形、标准体重和性成熟；若留作基础母牛培育，则保证按时配种、受胎，繁殖后代。

一、育成牛的饲养方式

固原市采用舍饲养殖方式。在生产中根据育成牛生长发育情况灵活调整饲料组成、供应量，16~18月龄体重达到成年活牛体重的75%~80%为宜，日增重控制在400~800 g为宜。日粮精饲料以玉米、糠麸、胡麻饼等为主，粗饲料以优质干草、玉米秸秆、稻草、青贮饲料、黄贮饲料为主，适当补充维生素A、维生素E、微量元素、磷酸氢钙、食盐等组成全价饲料。精饲料供应占日粮的15%~20%，粗饲料占80%~85%。每头牛每天采食干物质量为体重的1.8%~2.5%。

二、育成牛的阶段饲养

（一）6~12月龄

这一时期是性成熟期，性器官及第二性征发育很快，也是达到生理上最快生长速度的时期，体躯向高度方向急剧生长。同时，前胃也相当发达，容积扩大1倍左右。因此，在饲养上要求供给足够的营养物质。在良好的饲养管理条件下，日增重可以达到1000 g以上，尤其是6~9月龄期间，生长速度最快。这时，必须多用优质粗饲料保证牛的生长，促进瘤胃发育。基础饲料以优质干草、青草等粗饲料为主，饲喂量控制在体重的1.2%~2.5%，具体饲喂量视牛体大小和发育情况而定。选用中等质量的干草，培养耐粗饲性能，促进瘤胃发育。干物质采食量应逐步达到8 kg。可以用适量的多汁饲料代替干草，替换比例视青贮饲料的水分含量而定，水分大于80%，替换比例为4~5∶1；水分为70%，替换比例为3∶1。在早期若过多食用青贮饲料，可导致瘤胃发育不全，影响个体生长。因此，青贮饲料不能食用太多。

另外，1岁以内的育成牛需要喂给适量的精饲料，尤其是在对日增重有指定要求时更是非常必要。不同种类的粗饲料质量存在优劣情况，精饲料应根据粗饲料的品质配合，用量控制在每天每头1.5~3kg，日粮蛋白质水平控制在13%~14%。

（二）12月龄至初次配种

12月龄以后，育成牛的消化器官已接近成熟。同时，这一阶段牛没有妊娠和哺乳的负担，一般采食足够的优质粗饲料，基本能够满足其营养需要。如果粗饲料质量较差，就要适当补喂精饲料。一般精饲料量控制在1~4kg，并注意补充钙、磷、食盐和必要的微量元素。

（三）配种受胎后至产犊

育成母牛配种受胎后，一般仍按受胎前的饲养方法继续饲养。但是在产犊前2~3个月，需要加强营养，满足胎儿后期快速增长和准备泌乳的营养需要，尤其是加大维生素 A、钙、磷的供给。这一阶段日粮不能过于丰富，应以品质优良的青草、干草、青贮饲料和块根为主，精饲料饲喂量根据膘情控制在4~7kg，干物质采食量控制在每天每头11~12kg。

三、育成牛的管理

（一）分群管理

育成牛无论采取拴系饲养还是散放饲养，公母牛都应分群管理，最好在公犊牛断奶前就实施分群管理，防止公牛偷配，影响整个牛群的遗传结构。育成牛按性别分群后再根据大小、年龄、体格进行分群，尽量把月龄相近的牛再分群，一般母牛按6~12月龄和13月龄至产犊分群。

（二）生产记录

1. 发育情况记录

育成牛全部进行档案登记，并记录相关生长发育数据。根据记录，可以了解个体生长发育情况，检验、判断饲料与饲喂管理工作是否存在问题。

一般从断奶开始测量并记录体高、胸围、体斜长、体重等数据，最好做到一个月测一次。

2. 发情记录

一般肉牛在10~12月龄前后开始发情，此时处于性成熟阶段，但并未体成熟。此时配种，则会影响个体发育和终身生产性能。因此，当牛出现发情时，要记录初次发情时间、发情周期和预计配种日期。初次发情月龄是检验饲养管理是否得当的一个重要标准。过早发情，可能是营养过剩、肥胖所致；过晚发情，则与营养不足有很大关系。育成（母）牛发情周期为18~22d，平均为20d。成年母牛发情周期为20~24d，平均为21d。

3. 配种与妊娠检查记录

牛必须发育到体成熟阶段才可配种。一般情况下，最佳配种时间以牛体发育匀称、体重达到成年牛体重的70%以上为宜。初次配种时间一般为18~20月龄，饲养管理条件好的牛场，初次配种时间均提前，15~16月龄即可配种。对于发情牛，除了记录行为、黏液等外部表现外，还应记录直肠检查情况。配种人员如执行输精操作，还需记录配种日期、公牛编号等信息；对于已配种牛，进行妊娠检查后，也应对检查日期、直肠检查情况进行记录。另外，还要做好驱虫、防疫、检疫等方面的记录。

（三）制订生长计划

根据育成牛不同阶段的生长发育特点和饲草饲料供应状况，确定不同月龄的日增重目标，制订生长计划。首先要核算出育成牛的平均断奶重，从而制订相应的饲养计划。

（四）充足的运动和光照

这主要是针对舍饲条件而言的。为促进育成牛体格健壮，适当的运动和充足的光照是非常重要的。舍饲时，平均每头牛占用运动场面积为10~15 m²，每天应至少有2 h的运动量。

（五）修蹄

散放饲养时，可在6~7月龄、9~10月龄、14~15月龄进行修蹄；舍饲条件下，每6个月修蹄1次。

（六）刷拭

刷拭是舍饲条件下饲养管理过程中很重要的环节，也是被很多牛场忽视的环节。经常刷拭牛体，有利于牛体表血液循环，可预防皮肤病，促进牛健康生长。刷拭时，可以先用稻草等充分摩擦，再用梳子去掉污物，然后用刷子或扫帚反复刷拭。每天最好刷拭牛体1~2次，每次5min。现在，很多现代化的规模化肉牛场都在运动场、牛舍内安装了全自动牛体刷，既满足了牛群需要，又降低了人工成本和劳动强度。

（七）清洁、消毒

保持圈舍干燥、清洁，严格执行消毒和卫生防疫程序。

第六章　优质肉牛快速育肥技术

充分发挥肉牛快速生长优势，提高饲料报酬，加快肉牛出栏，是提高育肥牛效益的关键。因此，必须把握好以下几个环节。

一、架子牛的选购

从品种上选，首选西门塔尔牛、安格斯牛等肉牛品种的杂交后代，其次选购荷斯坦公牛或荷斯坦牛与本地牛的杂交后代。从年龄、体重上选，1~1.5岁、体重在350kg左右的架子牛最适合育肥。从性别上选，没有去势的公牛最好，其次为去势的公牛（阉牛），再次是母牛。

图6-1　肉牛养殖场一角

育肥牛选购架子牛的注意事项如下。

（一）选好品种

要选购西门塔尔牛、安格斯牛等国外良种肉牛与本地牛杂交的后代。

这样的牛肉质好、生长快、饲料报酬高。

（二）选择体貌好的牛

育肥的架子牛要体形大、肩部平宽、胸宽深、背腰平直而宽广、腹部圆大、肋骨弯曲、臀部宽大、头大、鼻孔大、嘴角大而深、鼻镜宽大湿润、下颚发达、眼大有神、被毛细而亮，皮肤柔软疏松并有弹性，用拇指和食指捏起一拉像橡皮筋，用手指插入后一档一握，一大把皮，这样的牛长肉多，易育肥。

（三）准确判断牛的年龄

选择的架子牛最好在1.5~2岁之间，这一年龄段的牛易育肥、肉质好、长得快、省饲料。

（四）选购未去势的公牛

公牛的生长速度和饲料利用率均高于阉牛。实践证明，未去势的公牛的日增重比阉牛提高13.5%，且肉质好于阉牛。因此，选购架子牛时应尽量选未去势的公牛，以提高育肥效果。

（五）估准体重

一般要选体重在300~400kg的牛，这样的牛经过3个多月育肥，体重可达到500kg以上，符合外贸出口的标准。

（六）选择膘情好的牛

膘情好，可以获得品质优良的胴体；膘情差，育肥过程中脂肪沉积少，会降低胴体品质。特别瘦的牛往往由于采食和消化能力差，或因某些疾病所致，这样的牛不易育肥。同时，运输中过挤、气温过高或过低、遇大风暴雨天气等都会导致牛体重的减轻。

（七）选购健康无病牛

购牛前要逐头检疫，不得购入有传染病和寄生虫病的架子牛。购回后首先应隔离观察并及时驱虫，经过2周左右的观察确认无病才可放入育肥牛群中。其粪便要进行无害化处理。

二、育肥时间

1~1.5岁、体重350kg左右的青年架子公牛，一般强度育肥4个月左右，体重500kg以上出栏。成年牛或淘汰牛一般快速催肥3个月左右，体重600kg以上出栏。

三、饲养管理

（一）分阶段饲养

（1）育肥前期（育肥开始30d内），主要以恢复适应为主，及时驱虫、健胃，做好防疫工作。

恢复适应：从外地选购的架子牛，育肥前要有7~10d的恢复适应期。进场后先喂2~3kg干草，再使其及时饮用新鲜的井水或温水，日饮2~3次，切忌暴饮。按每头牛在饮水中加100g人工盐或掺些麸皮效果较好。观察是否有厌食、下痢等症状。第二天起，粗饲料可铡成1cm左右，逐渐添加青贮饲料和混合精饲料，饲喂量逐渐增加，经5~6d后，逐渐过渡到育肥日粮。精饲料和粗饲料的比例为3：7，日粮粗蛋白质水平为12%左右。

驱虫：口服阿苯达唑驱除体内寄生虫，剂量为每公斤体重10mg，结合注射伊维菌素，预防疥癣、虱等体外寄生虫病的发生；或按每100kg体重皮下注射虫克星注射液2mL，可驱除牛体内外绝大多数寄生虫。一旦发现疥癣等皮肤病患病牛，应及时隔离，用杀螨剂对牛舍及被污染的用具消毒，可注射伊维菌素，并在患处涂抹硫酸铜溶液治疗。

健胃：驱虫后3d，灌服健胃散500g/次，每天1次，连服2~3d。或用大黄苏打片健胃，剂量每15kg体重1片。

防疫：架子牛入舍1周后进行口蹄疫等免疫接种。

（2）育肥中期（中间60~70d）。日粮干物质采食量达到8kg，粗蛋白质含量为11%左右，精饲料和粗饲料比为6：4或7：3。

（3）育肥后期（最后20~30 d）。日粮干物质采食量达到10 kg，粗蛋白质含量为10%左右，精饲料和粗饲料比为9：1或8：2。一般最后10 d，精饲料日采食量达到4~5 kg/头，粗饲料自由采食。

表6-1　肉牛短期快速育肥分阶段日粮参考营养标准

活重/kg	预计日增重/kg	干物质/kg	粗蛋白质/g	钙/g	磷/g	综合净能/MJ	育肥期/d
350~400	1.2~1.4	8.4~9.2	889~927	38	20	52.3~58.7	30左右
400~500	1.3~1.5	9.5~10.3	947~989	37	22	61.7~67.6	60~90
500~550	1.3~1.5	10.62~11	1011~1120	36	23	70.5~74	30左右

表6-2　肉牛短期快速育肥分阶段精饲料参考配方

阶段	精饲料配方/%								粗饲料
	玉米	豆粕	棉粕	菜粕	麸皮	食盐	小苏打	预混料	
前期（30 d）	50	10	10	8	15	1	1	5	干草
中期（60~70 d）	60.5	7	17	8	0	1	1.5	5	青贮饲料＋少量干草
后期（30 d）	65.5	7	15	5	0	1	1.5	5	自由采食

（二）定时定量饲喂

青年育肥牛日粮干物质采食量为体重的2%~2.5%，成年育肥牛日粮干物质采食量为体重的2%~3%。分早晚2次或早中晚3次饲喂，先粗后精或精粗混匀（全混合日粮）饲喂。注意观察牛采食、反刍、排粪等情况，发现异常及时采取对策。

（三）保证充足饮水

在喂饱后1.5~2 h 饮水，水质要求新鲜清洁，冬季可饮温水，每日2~3次。小群围栏圈养自由采食时，设水槽，保证随渴随饮，饮水保持清洁干净。

（四）管理措施

（1）刷拭牛体。育肥牛每日应定时刷拭1~2次。从头到尾，先背腰、后腹部和四肢，反复刷拭，以增加血液循环，提高代谢效率。

（2）牛舍保暖防暑，保持干燥清洁。牛舍要保持通风换气，冬季搭上塑料薄膜，1头牛占地面积3~6 m^2。要勤除粪尿，经常打扫。注意饲槽、牛体、饲草料的卫生。

（3）称重。建立育肥档案，记录每批牛饲草料的消耗量，育肥开始前和育肥结束后各称重1次，称重应在早晨空腹时进行。

（4）饲料更换。在育肥牛的饲养过程中，随着牛体重的增加，要调整日粮结构，饲料更换应采取逐渐更换的办法，应该有3~5 d 的过渡期。在饲料更换期间，饲养管理人员要勤观察，发现异常，及时采取措施。

第七章　饲草料加工与饲喂技术

第一节　肉牛的营养需要

肉牛的营养需要主要包括能量、蛋白质、矿物质、维生素、水。

一、能量

肉牛的能量需要分为维持需要和增重需要两部分。维持需要是指不增重也不减重，仅维持正常生理活动（维持生命）时所需要的能量；增重需要是指肌肉、脂肪、骨骼等增长或沉积时所需要的能量。育肥牛采食的营养物质只有在高于维持需要时才能有剩余能量用于增重，用于增重的能量越多，增重越快。牛饲料能量价值的评定，世界上多数国家以净能或综合净能表示，我国将肉牛维持和增重所需的能量统一起来采用综合净能表示，并以肉牛能量单位（RND）表示，即以1 kg中等玉米所含的综合净能8.08 MJ为1个肉牛能量单位。饲料中碳水化合物是能量的主要来源，为充分利用肉牛瘤胃消化粗纤维的特点，可以较多供给肉牛优质粗饲料。

二、蛋白质

牛的各种器官及组织的主要成分是蛋白质，蛋白质是生命的物质基础，也是牛肉的主要成分。蛋白质需要量因肉牛的年龄、体重、增重速度和育肥方式不同而有较大差异。饲料中蛋白质供应不足会造成肉牛消化机能减退、生长缓慢、体重减轻、抗病力减退，严重缺乏时甚至会引起死亡。育成牛和育肥牛可以通过瘤胃内微生物及脲酶的作用，利用非蛋白氮合成菌体蛋白，所以可用尿素、碳酸氢铵等非蛋白氮作为饲料中蛋白质的补充来源。犊牛瘤胃发育不全，微生物合成功能不够完整，所以在犊牛阶段必须喂优质蛋白质饲料，如全脂乳粉、脱脂乳粉和优质豆科牧草等。

三、矿物质

通常按矿物质在机体内的含量分为常量元素（含量占体重0.01%以上，如钙、磷、钠、氯、钾、硫）和微量元素（含量占体重0.01%以下，如铁、铜、钴、碘、锰、锌、硒、钼、氟）两大类。

（一）钙、磷

1. 钙、磷的分布

家畜体内钙、磷的化合物占矿物质总量的65%~70%，主要分布在骨骼中。其余的钙存在于血液、淋巴液及其他组织中，磷存在于各器官及组织中。

2. 钙、磷的生理功能

钙、磷是构成骨骼的主要原料，其比例为3∶2；小部分钙离子存在于血浆中，具有维持肌肉和神经正常生理功能的作用，血液中的钙离子有凝血作用。肌肉中的磷与肌肉收缩、代谢有密切关系；血液中的无机磷是重要的缓冲物质。

3. 钙、磷的吸收和利用

当饲料中的钙、磷比例适当（2~1∶1），并有充足的维生素 D 和适当的脂肪，尤其是消化道有酸性环境时，有利于钙、磷的吸收利用。

4. 钙、磷的缺乏及其预防

钙、磷缺乏时会出现异嗜、食欲缺乏、生产力下降、佝偻病、产蛋率和孵化率下降等症状。日粮中钙、磷不足时可补充石灰石粉、贝壳粉、骨粉等，并要保证畜禽有充分接触光的机会。

（二）钠、钾、氯

1. 钠

钠大部分存在于体液中，对维持体内的酸碱平衡、细胞与血液间渗透压有重大作用。缺乏钠时，幼畜表现为生长迟缓、饲料利用率低，成年家畜表现为食欲下降、体重减轻、生产力下降等。

2. 钾

钾在畜体内以红细胞内含量最多，是细胞内液中的主要碱性离子，具有维持细胞内渗透压和调节酸碱平衡的作用，对神经和肌肉的兴奋具有重要作用。

3. 氯

氯主要存在于细胞外，浓度比细胞内的高。氯和钠的协同维持体液的渗透压。氯是胃酸的组成成分，能保证胃蛋白酶作用所必需的 pH 值。补饲食盐，能同时为家畜补充钠和氯两种元素，但畜禽食入食盐过多也会发生中毒现象。

（三）镁

大约有3/4的镁存在于骨骼中。镁是体内许多酶系统所必需的催化剂。缺镁时神经肌肉的兴奋性提高，引起痉挛，称为缺镁痉挛症。

（四）硫

硫约占体重的0.15%，在体内主要以有机形式存在于蛋氨酸、胱氨酸、半胱氨酸等物质中。家畜缺硫时生长减缓、食欲丧失、掉毛、溢泪、流涎，甚至衰弱、死亡。

（五）铁、铜、钴

1. 铁

畜体内的铁约有60%~70%存在于血液中，是合成血红蛋白的重要元素。血红蛋白是氧的载体，保证体组织内氧的正常输送。铁也是细胞色素酶系和多种氧化酶的成分。仔猪缺铁往往发生贫血症。

2. 铜

铜在畜体中以肝、脑、肾、心、毛发中贮存量最多。铜是形成血红蛋白时所必需的催化剂，缺铜时铁的吸收不能正常进行。铜是某些酶的组成成分或激活剂。缺铜时，家畜有色被毛褪色；羊毛生长缓慢，毛质脆弱，弯曲度异常；牛、羊会发生骨质疏松症；家禽产蛋率下降，孵化中胚胎死亡等。

3. 钴

钴主要存在于肝、脾和肾中。钴是维生素 B_{12} 的主要组成成分，它可以提高瘤胃内纤维素分解菌的活性。家畜缺钴的症状与营养不良相似。

（六）碘

碘是构成甲状腺素的重要原料，碘与机体的基础代谢密切相关。缺碘时甲状腺增生肥大，基础代谢率下降，幼畜生长迟缓，骨骼短小，呈侏儒型。

四、维生素

维生素可分为脂溶性维生素（包括维生素 A、维生素 D、维生素 E、维生素 K）和水溶性维生素（包括维生素 B 族和维生素 C）两大类。

（一）维生素 A

维生素 A 只存在于动物体内。胡萝卜素又叫作维生素 A 原，存在于植物中，一般植物里主要是 β - 胡萝卜素。维生素 A 的主要作用是维持上皮细胞的正常生长，保持呼吸道、消化道和生殖系统黏膜的健康。维生素 A 与蛋白质构成眼内视紫质，当维生素 A 不足时视紫质合成受阻，发生夜盲症。此外，缺乏维生素 A 还会发生干眼病、角膜和结膜感染化脓、犊牛下痢、肺炎、母牛流产、胎儿畸形、死胎等。

（二）维生素 D

对家畜有营养作用的为维生素 D_2 和维生素 D_3。维生素 D_2 由存在于植物

和酵母中的维生素 D_2 原（麦角固醇）经紫外线照射而成。维生素 D_3 是动物皮肤中无活性的维生素 D_3 原（7- 脱氢胆固醇）经紫外线照射后的产物。

维生素 D 的主要功能是降低肠内 pH 值，加强肠壁对钙、磷的吸收作用；增强家畜对蛋白质的利用。缺乏维生素 D 会发生软骨症和幼畜佝偻病，出现犊牛四肢关节肿胀、仔猪痉挛等症状。

（三）维生素 E

维生素 E 是有机体主要的生物催化剂，具有抗氧化作用。在消化道和体组织中具有防止易氧化物质（维生素 A、不饱和脂肪酸等）被氧化的作用。缺乏维生素 E 则雄性动物睾丸生殖上皮发生变性，雌性动物胎盘和胚胎血管受损，胚胎死亡。

（四）维生素 K

已知的天然化合物有维生素 K_1 和维生素 K_2 两种。维生素 K 是维持血液正常凝固所必需的微量元素。维生素 K 不足症多见于家禽，雏鸡体躯的不同部位出现紫色血斑；种蛋在孵化中胚胎死亡率增高。

（五）维生素 B 族

1. 维生素 B_1（硫胺素）

维生素 B_1 是许多细胞酶的辅酶，缺乏时会影响体内碳水化合物的正常代谢，引起多发性神经炎。缺乏维生素 B_1 的家畜表现为食欲缺乏、消瘦、生长缓慢、肌肉软弱无力、易激动等。维生素 B_1 以禾谷类籽实的种皮内含量最多。

2. 维生素 B_2（核黄素）

维生素 B_2 是畜体内正常能量转变过程中所必需的辅酶，与蛋白质、脂肪、碳水化合物的代谢有密切关系。仔猪缺乏核黄素时表现为食欲缺乏、生长迟缓、被毛粗糙、眼睑分泌物较多等。雏鸡缺乏核黄素的症状为足跟关节肿胀、趾向内弯曲、用踝部行走。维生素 B_2 青绿饲料尤其是豆科植物中含量丰富，油饼类含量也多；动物性饲料尤其是鱼粉中含量较多。

3. 泛酸

泛酸是辅酶 A 的组成部分，存在于活细胞中，与脂肪和胆固醇的合成有关。泛酸缺乏时会引起中枢神经系统和代谢紊乱，病猪表现为后肢运动机能失常，呈痉挛性的"鹅步"；新生仔猪畸形；仔猪出现生长缓慢，皮肤病、腹泻、肠出血等症状。泛酸以糠麸及植物性蛋白质饲料含量最高。

4. 维生素 B_6

维生素 B_6 包括吡哆醇、吡哆醛、吡哆胺3种化合物。吡哆醛是多种酶的组成成分；吡哆醇在色氨酸转变为烟酸和脂肪酸的过程中起重要作用。缺乏维生素 B_6 的共同症状是神经系统紊乱而发生惊厥。维生素 B_6 主要存在于酵母、糠麸及植物性蛋白质饲料中。

5. 维生素 B_{12}

维生素 B_{12} 在畜体内参与核酸的合成；参与蛋白质、脂肪和碳水化合物以及丙酸的代谢，能提高机体对植物性蛋白质的利用率。维生素 B_{12} 缺乏时表现为贫血、皮炎、生长缓慢、后肢运动不协调等症状。动物性蛋白质饲料是维生素 B_{12} 的主要来源。

（六）维生素 C

维生素 C 即抗坏血酸，它参与细胞间质中胶原的生成和维持；刺激肾上腺皮质激素的合成；促进肠道内铁的吸收。缺乏维生素 C 时出现周身出血、牙齿松动、骨骼脆弱和创伤难痊愈等症状。

五、水

水在牛体内占60%左右，是生命活动不可缺少的物质。水可以溶解、吸收、运输各种营养物质，排泄代谢废物，调节体温。牛饮水不足，影响消化吸收，代谢废物排泄不畅，代谢紊乱，体温上升，易患病。

第二节　常用饲料的营养成分

一、精饲料

这类饲料是指禾本科和豆科等作物的籽实及其加工副产品。除加工副产品外，大多数是粮食和油料，用作饲料的比例很低。

这类饲料中除新鲜的糟渣类饲料外，干物质含量都在80%以上，粗纤维含量低于18%，养分丰富，容易消化。

精饲料都含有较高的净能量，国外常依其蛋白质含量分为两类，蛋白质含量低于18%的划为能量精饲料，高于此标准的则为蛋白质精饲料。以某一种精饲料来看其所含养分很不完善，如玉米的主要成分是淀粉，缺乏蛋白质，而豆类含大量蛋白质和较多的脂肪，在家畜的日粮中都不能作为唯一的饲料利用。

（一）几种主要的能量精饲料

1. 玉米

禾谷类中玉米含能量很高，每公斤干物质含代谢能约13.25 kJ。玉米含无氮浸出物约70%，几乎全是淀粉，消化率高达90%。玉米含粗蛋白质约9%，但品质不好，缺乏赖氨酸和色氨酸。玉米的脂肪中含有较多的不饱和脂肪酸，作为育肥家畜的主要精饲料，会使胴体脂肪变软。黄色玉米中含有胡萝卜素，并含有较多的硫胺素，但核黄素、烟酸等较少。玉米含钙少，仅有0.02%，磷也不多，约0.3%。所以玉米是一种养分不全面的高能量饲料。

2. 大麦

大麦适用于各种家畜。与玉米相比，大麦的粗纤维较多，粗脂肪较少，所以营养价值低于玉米。缺少胡萝卜素和维生素 D，核黄素也很少，烟酸较玉米多2倍，钙、磷含量也较玉米多。

大麦的脂肪较少，用大麦育肥的猪，肉质紧密，脂肪坚硬。以产火腿著名的金华、义乌等地，均以大麦作为育肥猪的主要精饲料。

大麦有皮壳，适口性和利用效率较差，一般不宜饲喂雏鸡，经磨细后在雏鸡日粮中也不应超过3%。

3. 米糠

米糠又称清糠、米皮糠，是水稻产区的主要精饲料。米糠含脂肪较多，约18%，容易氧化酸败，不易保存。

米糠含粗蛋白质约13%，品质较玉米好。磷多钙少，含磷量较钙高10倍。含有较丰富的硫胺素和烟酸。

米糠适口性好，适用于各种家畜。但育肥后期的猪不宜多喂，因其会影响胴体脂肪的硬度；仔猪也不宜多喂，易引起腹泻。

4. 麸皮

麸皮是小麦产区的主要精饲料。麸皮含粗蛋白质较米糠高约16%，含脂肪较少。粗纤维和钙、磷含量与米糠相似。总营养价值不及米糠的2/3。

麸皮质地蓬松，适口性好，具有轻泻性，生长迅速的幼畜、幼禽和高产母鸡，其日粮中麸皮所占比例不宜过大。怀孕后期和分娩后的母畜可将麸皮作为主要精饲料，因其容易消化，可防止便秘。

（二）几种主要的植物性蛋白质精饲料

1. 大豆

大豆含有丰富的蛋白质和脂肪，蛋白质生物学价值较高，适合作为幼畜、怀孕母畜、泌乳母畜和种公畜的蛋白质补充饲料。一般大豆榨油后将其豆饼作为饲料。

大豆含有抗胰蛋白酶，饲喂前必须煮熟，以免影响蛋白质的消化吸收。

2. 豆饼

豆饼含粗蛋白质40%以上，是优良的蛋白质补充饲料。

3. 胡麻饼

胡麻饼含粗蛋白质32% 左右，适口性好，各种畜禽都喜食。

4. 向日葵饼

带壳向日葵饼含粗蛋白质28%~32%，葵花仁饼含粗蛋白质40% 左右，适口性较好。

5. 菜籽饼

菜籽饼又称芸芥饼，含粗蛋白质37%~40%，也是一种蛋白质补充饲料，但有辛辣味，适口性不好，在日粮中只能占较小比例。另外，菜籽饼含有芥子苷，用温水浸泡或进入消化道后，在芥子苷酶的作用下能形成芥子油（即异硫氰酸丙烯酯），是一种具有强烈刺激性、毒性的液体。防止中毒的方法：（1）干喂，喂后暂时不给饮水；（2）将菜籽饼粉碎，加水煮沸，使芥子苷酶在100℃下钝化；（3）将菜籽饼和青绿饲料同时青贮后饲用；（4）利用土埋法使菜籽饼去毒。

（三）糟渣类

酒糟、粉渣、甜菜渣、豆腐渣等也是禾谷类和豆类籽实的加工副产品。一般含水量较高，50%~90%，其营养价值因含水量和原料种类不同而有很大差异。这类饲料在食品加工厂附近可就地新鲜利用作为精饲料，不宜存放过久，否则极易被真菌及腐败菌污染而变质。

二、粗饲料

粗饲料中以（青）干草的营养价值最高，粗蛋白质、粗纤维、胡萝卜素、维生素 D、维生素 E 及矿物质含量丰富。豆科干草粗蛋白质含量为10%~22%，禾本科干草为6%~10%，而且消化率高；豆科干草含钙量较高，为1.5% 左右，禾本科干草含钙量仅为0.2%~0.4%；各种干草的含磷量为0.15%~0.3%。干草的营养价值取决于制作原料的植物种类、生长阶段与调制技术。就原料而言，由豆科植物制成的干草含有较多的粗蛋白质。而在能量方面，豆科草、禾本科草之间没有显著的差别，消化能约在10 MJ/kg。就生长阶段而言，一般随着草的成熟，其营养价值降低。拔节前的禾本科牧草和开花初期的豆科草收割、晒制后营养价值较高；草籽成熟后晒制的质量最低，营养价值约相当于农作物的秸秆。目前，干草中最常用的是苜蓿干草、玉米秸秆、麦秸、稻草、谷草、豆秸、谷类皮壳。

（一）苜蓿干草

优质的苜蓿干草颜色深绿，保留大量的叶、嫩枝和花蕾，而且具有特殊的清香气味，适口性好，既能满足高产牛日粮营养的需要，又能保证维持瘤胃正常机能所需最低限度的纤维。据测定，国内优质苜蓿干草中含粗蛋白质19.1%、粗纤维22.7%、钙1.4%、磷0.51%、产奶净能4.83 MJ/kg。目前，国内苜

图7-1　苜蓿干草

蓿优质率较低，多数饲喂苜蓿的牛场采购的都是进口苜蓿，但进口苜蓿价格较高。

（二）玉米秸秆

玉米秸秆粗蛋白质含量为6%左右，粗纤维为30%左右。牛对粗纤维的消化率为65%左右。同一株玉米秸秆的营养价值，上部比下部高，叶片较茎秆高。玉米穗苞叶和玉米芯营养价值很低。

（三）麦秸

该类饲料不经处理，对牛没有多大营养价值。能量低，消化率低，适口性差，是质量较差的粗饲料。春小麦比冬小麦好，燕麦秸秆的饲用价值最高。

（四）稻草

稻草营养价值低于玉米秸秆、谷草和优质麦秸。

图7-2 稻草

（五）谷草

谷草质地柔软，营养价值较麦秸、稻草高。在禾本科秸秆中，谷草品质最好。

（六）豆秸

大豆秸木质素含量高，消化率低。在豆秸中，蚕豆秸和豌豆秸品质较好。豆秸质地坚硬，应粉碎后饲喂，以保证充分利用。

（七）谷类皮壳

谷类皮壳包括小麦壳、大麦壳、高粱壳、稻壳、谷壳等。营养价值略高于同一作物的秸秆。稻壳的营养价值最差。

第三节 饲草料加工技术

充分利用非粮饲料，通过加工调制，提高饲草料品质，降低饲草料成本，从而提高肉牛养殖效益，实现资源高效利用。结合宁夏肉牛产业发展实际，主要推广以下技术。

图7-3　收割青贮玉米　　　　　　图7-4　制作青贮饲料

一、全株玉米青贮技术

（一）收获

一般在玉米籽实乳熟后期至蜡熟期、整株下部有4~5片叶子变成棕色、干物质含量30%~35%时刈割最佳。机械收割留茬高度控制在10~15 cm。

（二）铡短

铡成1~2 cm为宜。

（三）填装压实

装填过程使用拖拉机、装载机等机械反复碾压，层层压实，充分排出空气。

（四）密封

装填至高出窖口40~50 cm，即可封窖。在顶部覆盖一层塑料薄膜，将四周用土封严压实，再用轮胎或土镇压密封。

为避免二次发酵，提高青贮制作质量，整个制作过程应做到快收、快切、快压、快封。

（五）取用

一般发酵40 d即可开窖使用。使用时从上到下整齐切取，最好使用取料机切取。取用后应用塑料薄膜将开口封严。

表7-1　青贮饲料品质感官鉴定标准

项目	优等	中等	低等
颜色	呈绿色、黄绿色或淡绿色、茶绿色，有光泽，近于原色	黄褐色或暗褐色，光泽差	全暗色、茶色、黑绿色、黑褐色、黑色
气味	具有苹果香味或芳香酒酸味或烤面包香味	有强烈的醋味，香味淡	具有刺鼻的氨味、腐臭味或霉味
质地	湿润、松散、柔软，茎、叶、花保持原状，不粘手，手捏时无汁液滴出	质地较柔，茎、叶、花能分清，轻度粘手，手捏时有汁液流出	发黏、腐烂、结块、污泥状、无结构
腐烂率	≤2	≤10	≥20
适口性	好	较好	差（不适于饲喂）

二、玉米秸秆黄贮技术

（一）收获

一般在玉米蜡熟后期、果穗及苞叶变白、植株下部5~6片叶子枯黄时即可收获。为保持原料水分不损失，应随割随运随贮。

（二）铡短

将秸秆铡成1~2 cm为宜，过长不易压实，容易变质腐烂。

（三）装窖

铡短的原料要及时入窖，除底层外，要逐层均匀补充水分，使其水分达到65%~70%，即用手将压实后的草团紧握，指间有水但不滴为宜。为提高黄贮秸秆糖分含量，保证乳酸菌正常繁殖，改善饲草品质，可添加0.5%左右麸皮或玉米面。

（四）压实

装填过程中要层层压实，充分排出空气。可以用拖拉机、装载机等机械反复碾压，尤其要将四周及四角压实。

（五）水分调节

加工调制过程中，要检查秸秆含水量是否适宜，并根据情况进行适当添加，一般含水量要求在65%~70%。

（六）密封

原料装填至高出窖口40~50 cm、窖顶中间高四周低呈馒头状时，即可封窖。在秸秆顶部覆盖一层塑料薄膜，将四周压实封严，用轮胎或土镇压密封。土层厚30~50 cm，表面拍打光滑，四周挖好排水沟，防止雨水渗入。制作后要勤检查，发现下陷、裂缝、破损等，要及时填补，防止漏气。

（七）取用

玉米秸秆经40 d发酵后即可取用，取完后要用塑料薄膜将开口封严，尽量减少与空气接触，防止二次发酵、霉变。每次按照1~2 d饲喂量取用。

在实际生产中，为了提高黄贮饲料的质量和消化利用率、延长贮存期，往往需要添加微生物菌剂、酶制剂和有机酸等添加剂，以加快乳酸菌繁殖，促进厌氧发酵，将玉米秸秆调制成柔软、酸香、适口性好的粗饲料。添加剂的制备方法如下。

1. 菌种复活及菌液配制

按照处理秸秆量复活菌种（依据产品说明使用），当天用完。以处理1 t秸秆需要的菌液为例：将菌种（一般处理1 t秸秆需菌种3~5 g）加入1 000 mL糖水中（浓度为1%），常温下（25 ℃左右）放置1~2 h（夏季不超过4 h，冬季不超过12 h），使菌种复活。将复活好的菌剂倒入10~80 kg清洁水中，搅拌均匀，制成喷洒用的菌液备用。

2. 酶制剂稀释与准备

按照当天处理的玉米秸秆量，依据产品使用说明，确定使用酶及稀释物的数量，当天用完。通常处理1 t秸秆需青（黄）贮饲料专用酶1 kg（高浓度酶制剂用量为100 g），人工盐4~5 kg，麸皮或玉米面10 kg，将饲料专用酶、人工盐、麸皮或玉米面充分混合后备用。

3. 有机酸的准备

一般情况下，处理1 t玉米秸秆需添加有机酸2~4 kg。具体用量参照产品使用说明。

在制作过程中，每压实一层秸秆，在表面均匀喷洒一层制备好的添加剂。乳酸菌、有机酸用农用喷雾器进行喷洒，酶制剂手工均匀撒开。封窖前，在玉米秸秆表面足量均匀喷洒添加剂。

表7-2 黄贮饲料品质感官鉴定标准

项目	优等	中等	低等
颜色	呈亮黄色，有光泽	呈褐黄色或暗褐色，光泽差	呈黑褐色，无光泽
气味	甘酸香	淡酸香	刺鼻的腐臭味或霉味
质地	湿润、松散、柔软，茎、叶保持原状，不粘手，手捏时无汁液滴出	质地柔软，茎、叶能分清，轻度粘手，手捏时有汁液流出	发黏、腐烂、结块、污泥状、无结构
腐烂率	≤2	≤10	≥10
适口性	好	较好	差（不适于饲喂）

三、马铃薯淀粉渣与玉米秸秆混贮技术

（一）原料准备

玉米秸秆一般在玉米蜡熟后期、果穗及苞叶变白、植株下部5~6片叶子枯黄时进行收获；淀粉渣应新鲜、无霉变；原料随运随贮。

（二）铡短

将玉米秸秆铡短至1~2 cm。

（三）装窖

将铡短的玉米秸秆调节水分至65%~70%，并铺垫至窖底。将新鲜的马

铃薯淀粉渣均匀覆盖在玉米秸秆上，然后再覆盖粉碎并调节至适宜水分的玉米秸秆并压实，如此反复。

（四）密封

原料经层层填装压实，装填至高出窖口40~50cm即可封窖。在顶部覆盖塑料薄膜，将四周压实封严，用轮胎或土镇压密封。四周挖好排水沟，防止雨水渗入。

（五）取用

封窖后40~50d，即可开窖取用。取用时应垂直切取，切面整齐，取完后要用塑料薄膜将开口封严，尽量减少与空气接触，防止二次发酵、霉变。

四、饲草包膜青贮技术

将饲草适时收获后，利用专用打捆机和包膜机，经捆扎和专用拉伸膜包裹等加工处理，使饲草在密闭环境下经乳酸发酵而得以长期保存。

（一）原料收获

禾本科牧草在抽穗期收获，豆科牧草在现蕾至初花期收获。一般选择

图7-5　苜蓿青贮包

在天气晴好的时间收获。

（二）水分调控

收获后一般晾晒12~24h，含水量达到45%~55%时进行制作。在天气晴好的情况下，通常早晨刈割、下午制作，或下午刈割、第二天早晨制作。

（三）铡短

用铡草机将原料铡短至2~5cm。

（四）打捆

将切短的原料填装入专用饲草打捆机中进行打捆（每捆重50~60kg）。如果需要使用添加剂，应在打捆前将添加剂与切碎的原料混合均匀后进行打捆。

（五）包膜

打捆结束后，从打捆机中取出草捆，平稳放到包膜机上，然后启动包膜机用专用拉伸膜进行包裹，包膜机的包膜圈数以22~25圈为宜（保证包膜2层以上）。

（六）贮存

包膜完成后，将制作完成的包膜草捆堆放在鼠害少、避光、牲畜触及不到的地方，堆放不应超过三层。在堆放过程中如发现有包膜破损，应及时用胶布粘贴以防止漏气。

（七）取用

包膜青贮饲草一般经过50d发酵后即可开启使用。包膜青贮饲草取喂时，将外面包裹的塑料膜拆开（可沿包裹方向拆开，最好不要剪断，缠好后可旧物利用），剪开里面的网或绳，取出青贮饲草即可，取喂量应根据家畜饲养量以当天喂完为宜。

表7-3　包膜青贮饲草品质感官鉴定标准

项目	优等	中等	劣等
颜色	绿色、青绿色或者黄绿色，有光泽	黄褐色、墨绿色，光泽差	全暗色、黑色、黑褐色，无光泽
气味	具有清香味，给人舒服感	香味淡或没有，具有微酸味	具有特殊的腐臭味或霉烂味
质地	手感松软，稍湿润，茎、叶、花保持原样	柔软，稍干或水分稍多，茎、叶、花部分保持原样	干燥、松散或结成块状，发黏，腐烂，无结构

五、氨化饲料

秸秆饲料蛋白质含量低，经氨化处理后，粗蛋白质含量可大幅度提升，纤维素含量降低10%，有机物消化率提高20%以上，是牛、羊反刍家畜良好的粗饲料。可利用尿素、碳酸氢铵作为氨源。靠近化工厂的地方，氨水价格便宜，也可作为氨源。氨化饲料制作方法简便，饲料营养价值提高显著。

（一）氨化池制作

选择向阳、背风、地势较高、土质坚硬、地下水位低，以及便于制作、饲喂、管理的地方建氨化池。池的形状可为长方形或圆形。池的大小根据氨化秸秆的数量而定，而氨化秸秆的数量又取决于饲养家畜的种类和数量。一般每立方米池（窖）可装切碎的风干秸秆100 kg左右。1头体重200 kg的牛，年需氨化秸秆1.5~2 t。挖好池后，用砖或石头铺底，砌垒四壁，水泥抹面。

（二）原料准备

将秸秆粉碎或切成2~3 cm的小段。将秸秆重量3%~5%的尿素用温水配成溶液，温水多少视秸秆的含水量而定，一般秸秆的含水量为12%左右，而秸秆氨化时应使秸秆的含水量保持在40%左右，所以温水的用量一般为每100kg秸秆用水30kg左右。

（三）贮存

将配好的尿素溶液均匀地喷洒在秸秆上，边喷洒边搅拌，或者装一层秸秆均匀喷洒1次尿素水溶液，边装边踩实。装满池后，用塑料薄膜盖好池口，四周用土覆盖密封。

表7-4　不同环境温度与氨化处理时间的关系参考值表

环境温度 /℃	处理时间 /d
5	56
5~15	28~56
15~30	7~28
30~45	7
45	3~7
90	0.7~1

（四）保存及取喂

堆垛秸秆氨化成熟后，即可开垛晒干，待剩余氨味挥发后利用。如果要保存，可重新堆垛，或原封不动，也可晒干后室内保存，一般不超过6个月，防止雨淋，以免发霉；氨化池秸秆处理好后，从氨化池取料时，应从池的一端横断面按垂直方向自上而下切取，不应将氨化池全面打开或掏洞取料，每次取用量应以2~3d喂完为宜，取料后要将口封严，以免引起变质腐败；氨化炉处理的秸秆可贮存1个月。

表7-5　氨化饲料品质感官鉴定标准

项目	优等	中等	低等
颜色	棕色或深黄色，发亮	黄色，光泽差	灰黑色或灰白色，发暗
气味	有强烈的氨味，气味糊香或微酸香	打开时有氨味	气味发臭，刺鼻
质地	质地柔软、松散，放氨后干燥，温度不高	质地较柔软、松散，温度不同	温度高，发黏，呈酱块状
腐烂率	≤2	≤10	≥10
适口性	好	较好	差（不适于饲喂）

第四节　各种调制饲草料饲喂方法及饲喂量

一、全株玉米青贮饲料

（一）饲喂方法

1. 饲喂方法

饲喂时，初期应少喂一些，以后逐渐增加到足量，让家畜有一个适应过程。喂青贮饲料时，牛瘤胃内的pH值降低，容易引起酸中毒。可在精饲料中添加1.5%的小苏打，促进胃的蠕动，中和胃内的酸性物质，增加采食量，提高消化率。有条件的养殖户可将精饲料、青贮饲料和干草进行充分搅拌，制成全混合日粮饲喂家畜，效果会更好。冰冻青贮饲料是不能饲喂的，这样不仅会使家畜生产性能降低，还易引起孕畜流产。

2. 取用方法

每天上下午各取1次为宜，每次取用青贮饲料的厚度应不少于10 cm，保证青贮饲料新鲜，适口性好，营养损失降到最低，达到饲喂青贮饲料的最佳效果。取出的青贮饲料不能暴露在日光下，也不要散堆、散放，最好用袋装，放置在牛舍内阴凉处。每次取料后，要将窖内的青贮饲料重新踩实，然后用塑料布盖严。

注意事项：

（1）查看青贮饲料是否霉变。优质的青贮饲料呈青绿色或黄绿色，有浓烈的酒香味或酸梨味，抓在手中柔软湿润。如果饲料变为黑色或褐色，气味酸臭，抓在手里发黏或干燥粗硬，则说明青贮饲料已发生霉变，霉变劣质的青贮饲料不能饲喂牛。

（2）在饲喂过程中如发现有拉稀现象，应立即减量或停喂，检查青贮饲料中是否混进霉变物质或因其他疾病造成拉稀，待家畜恢复正常后再继续饲喂。每天要及时清理饲槽，尤其是死角部位，把已变质的青贮饲料清理干净，再添加新鲜的青贮饲料。

（3）喂给青贮饲料后，应视家畜的膘情及其他生产性能酌情减少精饲料投放量，但不宜减量过多、过急。青贮窖应严防鼠害，避免把一些疾病传给家畜。

（二）饲喂量

表7-6　各种家畜青贮饲料日饲喂量参考数

家畜种类	日饲喂量 /kg	家畜种类	日饲喂量 /kg
奶牛	15~20	马、骡	5~10
公牛	5~10	母猪	1.3~3.5
育成牛	7~15	公猪	1~1.5
犊牛	3~5	羊	3~4.5
肉用牛	10~20	兔	0.2左右
役用牛	10~20		

二、玉米秸秆黄贮（酶贮）饲料

（一）饲喂方法

黄贮（酶贮）饲料要与其他草料混合饲喂，也可与配合饲料混合饲喂，但不应单独饲喂黄贮（酶贮）饲料，以防长期饲喂引起家畜酸中毒。家畜对黄贮（酶贮）饲料有一个适应过程，应循序渐进，逐渐增加饲喂量，停喂时也应逐步减量。

（二）饲喂量

表7-7　牛、羊黄贮（酶贮）饲料日饲喂量参考数

家畜种类	日饲喂量/kg
奶牛	10~15
公牛	5~7
犊牛	2~2.5
肉牛	4~5
肉羊	1.5~2

三、马铃薯淀粉渣与玉米秸秆混贮饲料

饲喂方法与饲喂量同全株玉米青贮饲料。

四、包膜青贮饲料

（一）饲喂方法

包膜青贮饲料与常规青贮饲料一样，要与其他饲草搭配混合饲喂，也

可与配合饲料混合饲喂，不宜单独饲喂。家畜对包膜青贮饲料有一个适应过程，饲喂时应循序渐进，逐渐增加饲喂量，停喂时也应逐步减量。

（二）饲喂量

表7-8 牛、羊包膜青贮饲料日饲喂量参考数

家畜种类	日饲喂量 /kg
奶牛	10 ~ 15
犊牛	2 ~ 2.5
肉牛	4 ~ 5
肉羊	1.5 ~ 2

五、氨化饲料

（一）饲喂方法

氨化好的秸秆在使用前要放氨6~10h后方可饲喂。氨化秸秆应与能量饲料（玉米、麦麸等）以及青绿饲料或青贮饲料搭配饲喂。一般氨化秸秆饲喂量占日粮的30%~40%，能量饲料与青绿饲料或青贮饲料占60%~70%。饲喂氨化饲料1个小时后方可饮水，以防发生家畜氨中毒。未断奶的犊羊、羔羊因瘤胃内的微生物生态系统尚未完全形成，应慎用。家畜对氨化饲料有一个适应过程，应循序渐进，逐渐增加饲喂量，1周后可达到全量。停喂时也应逐步减量。

（二）饲喂量

表7-9 牛、羊氨化饲料日饲喂量参考数

家畜种类	生产阶段	日饲喂量/kg
	3~12月龄	1.4~2
	日产奶5kg以上	2~2.5
奶牛	日产奶5~10kg	2.5~5
	日产奶10~15kg	5~7.5
	日产奶15kg以上	7.5~10
肉牛	每100kg体重	2~3
肉羊	每10kg体重	0.3

注：肉羊日饲喂量不应超过1kg。

第五节 全混合日粮调制及饲喂技术

通过特定机械设备和加工工艺，将肉牛所需的各种饲料（青贮饲料、农作物秸秆、精饲料和饲料添加剂）均匀混合，保证牛每天日粮营养均衡，增加采食量，有效降低消化系统疾病发病率，提高肉牛育肥日增重。

一、原料准备

根据肉牛品种、体重、年龄、日增重目标、饲草料原料等，设计不同类型的日粮配方。粗饲料主要有青贮饲料、（青）干草、青绿饲料、农作物秸秆、糟渣类饲料。干草类粗饲料应铡短至2~3cm；糟渣类饲料水分应控制在65%~80%。精饲料主要有玉米、麦类、饼粕类、预混料等。

二、加工制作

（一）原料填装

卧式搅拌机填装次序为秸秆类→青贮类→糟粕类、青绿饲料、块根类→籽实类、添加剂（或混合精饲料）；立式搅拌机的填装次序为：混合精饲料→干草（秸秆等）→青贮类→添加剂。

（二）装载量

通常适宜装载量占搅拌车总容积的60%~75%。

（三）混合时间

采用边投料边搅拌的方式，原则是确保搅拌后日粮中大于4cm长的纤维粗饲料占全混合日粮的15%~20%。通常在最后一批原料加完后再混合4~8min完成。

（四）水分控制

制作好的全混合日粮水分应控制在45%~50%。

三、全混合日粮投喂

每日投喂全混合日粮2次，应按照日饲喂量的50%分早晚进行投喂，也可按照早60%、晚40%的比例进行投喂。使用混合喂料车投料，车速要限制在20km/h，控制放料速度，保证整个饲槽的饲料投放均匀。

第八章　肉牛疫病防控

随着肉牛业的发展和壮大，肉牛存栏量越来越多，导致肉牛的卫生保健管理越来越有难度，肉牛的疾病也越来越复杂。因此，只有做好肉牛的卫生保健工作和疾病预防工作，才能培育健康安全的牛，进而全面提高牛肉的营养价值与牛肉业的经济效益。在肉牛生产过程中，要本着"预防为主、治疗为辅"的牛群饲养方针，全面预防牛群疾病的产生，特别是传染病、寄生虫病、产科和内科疾病等。

一、疾病预防原则

依据《中华人民共和国动物防疫法》等法律法规的要求，结合肉牛生产的规律，全面系统地对牛群实行保健和疫病防控管理。这一体系主要包括隔离、消毒、驱虫灭鼠、免疫接种、药物预防、诊断检疫、疾病治疗和疫情扑灭等。

坚持"预防为主、防重于治"的原则，提高牛群整体健康水平，防止外来疫病传入牛群，净化、消灭牛群中已有的疫病。

肉牛场防疫采用综合防治措施，消灭传染源，切断传播途径，提高牛群抗病力，降低传染病的危害。

建立健全兽医卫生防疫制度，依据肉牛不同生产阶段的特点，制订兽医防疫保健计划。

实行"全进全出"的肉牛育肥制度，使牛舍彻底空栏并清洗、消毒，确保生产的计划性和连续性。

当发现新的传染病以及口蹄疫、炭疽等急性传染病时，应立即对该牛群进行封锁，或将其补杀、焚烧和深埋，对全场栏舍实施强化消毒，对假定健康牛进行紧急免疫接种，禁止牛群调动并将疫情及时上报主管行政部门。

二、预防措施

（一）场址选择要合理

牛场要求设在地势高、干燥，水源充足，供电有保证和交通方便，背风向阳，利于排污和污水净化，便于设防的地区；同时远离人群居住地、其他动物饲养场及其畜产品加工厂，距离交通要道500m以上。

（二）场内布局要科学

牛场按功能划分为3个大区，即生产区、生活区、管理区。生活区建在生产区的上风口，管理区建在生活区的下风口。生产区内不同年龄段的牛应分开饲养，相邻的牛舍保持一定距离。生产区和管理区要严格分开，场门、生产区入口处应设置消毒池。粪场、病牛舍、兽医室应设在牛舍的偏下风向处。

（三）采用全进全出生产系统

严格管理肉牛育肥场生产线的各主要环节，应分批次安排牛的生产，全进全出，从而有效地切断疫病传播途径，防止病原微生物在牛群中连续感染、交叉感染。

（四）建立、健全并严格执行隔离制度

将牛群控制在有利于防疫和生产管理的范围内进行饲养，是基本防疫措施之一。

（1）场区外围应根据具体条件使用隔离网、隔离墙、防疫沟等，建立隔离带；生产区只设立一个供生产人员及车辆出入的大门，配备专供装卸牛的装牛台，以及设立引进牛的隔离检疫舍；在生产区下风口设立病牛隔离治疗舍，配备尸体剖检及处理设施等。

（2）建立并执行本场工作人员、车辆出入的管理制度。

（3）建立并执行外来车辆、人员进入场的隔离管理制度。

（4）建立并执行场内牛群流动、牛出入生产区的管理制度。

（5）建立并执行生产区内人员流动、工具使用的管理制度。

（6）建立并执行粪便的管理制度。贮粪场的牛粪中常含有大量细菌及虫卵，应集中处理。可在其中掺入消毒药，也可采用疏松堆积发酵法，高温杀灭病菌和虫卵。

（7）建立并执行场内禁养其他动物，携带动物和动物产品人员进场的管理制度。

（8）建立并执行患病牛和新购入牛的隔离制度。当发现疑似传染病牛时，应及时隔离。当有传染病发生时，应及时诊断，必要时进行临时检疫。

（9）患结核病和布鲁氏菌病的人不准入场喂牛。

（五）建立经常性消毒制度

（1）场门、生产区入口处消毒池内的药液要经常更换（可用2%氢氧化钠溶液），并保持有效浓度，车辆、人员都要从消毒池经过。

（2）牛舍内要经常保持卫生整洁、通风良好。厩床每天要打扫干净，牛舍每月消毒一次，每年春、秋两季各进行一次大的消毒。常用消毒药物有：10%~20%生石灰乳、2%~5%氢氧化钠溶液、0.5%~1%过氧乙酸溶液、3%福尔马林溶液或1%高锰酸钾溶液。

（3）转群或出栏净场后，要对整个牛舍和用具进行一次全面彻底的消毒，方可进牛。

（六）做好牛场防疫、定期驱虫

（1）兽医人员应每天深入牛群，仔细观察，做好记录。

（2）从外地引进的牛要进行检疫和驱虫后再并群。

（3）按照牛的免疫程序，定期准时免疫。

（4）谢绝无关人员进场，不从疫区购买草料和畜禽，工作人员进入生产区需要更换工作服。饲养人员不得使用其他牛舍的用具及设备。

（5）坚持定期驱虫。

（七）杀虫灭鼠

1. 杀虫

规模化肉牛场有害昆虫主要指蚊、蝇等媒介节肢动物。杀灭方法可分为物理、化学和生物学方法，物理方法主要是捕捉、拍打、黏附以及电子灭虫等；生物学灭虫法的关键在于环境卫生状况控制；化学杀虫法主要是使用化学消毒剂在牛舍内进行大面积喷洒，对场区内外的蚊蝇栖息地、滋生地进行滞留喷洒。

2. 灭鼠

灭鼠法可分为物理、化学和生态学方法。由于规模化肉牛场占地面积大、牛高度密集，因此多采用化学和生态学方法，场外可使用快速杀鼠剂，一次投足量，场内可使用慢效杀鼠剂，及时收集处理鼠尸。

第二节　肉牛的免疫与驱虫

一、免疫接种

有计划地给健康肉牛进行预防接种，可以有效地抵抗相应传染病的侵害。为使预防接种取得预期效果，必须熟悉牛群的情况，了解本地区传染病的种类及发生季节、流行规律，以便根据需要制订相应的预防计划，适时进行预防接种。此外，在引入或输出牛群、施行手术前，或发生创伤后，应进行临时性预防注射。对疫区尚未发病的牛，必要时可进行紧急预防接种。

表8-1 常用疫苗免疫接种方法

疫苗种类	使用方法	预防疾病	免疫期	免疫次数
牛口蹄疫疫苗（O型、A型、亚洲 I 型）	肌肉注射	口蹄疫	每年1月、5月、9月	2~3次
BVD+IBR	肌肉注射	牛病毒性腹泻—黏膜病、传染性鼻气管炎	每年3月、9月	2次
牛结节性皮肤病疫苗	皮内注射	牛结节性皮肤病	每年3月	1~2次
牛巴氏杆菌病灭活疫苗	肌肉注射	牛出血性败血症	每年5月、11月	兽医指导下使用
魏氏梭菌灭活苗	皮下注射	魏氏梭菌病	每年6月、12月	兽医指导下使用
布鲁氏菌病活疫苗（A19株）	皮下注射	布鲁氏菌病	5~12月龄育成牛	1次

二、驱虫

肉牛以青草、秸秆、牧草等粗饲料为主要食物来源，其在放牧、采食过程中经常接触地面，体内消化道极易感染多种线虫，体外感染螨、蜱、虱等寄生虫。肉牛感染寄生虫后，表现为消化失调、食欲缺乏、腹泻、长期消瘦、呼吸急促、咳嗽、黄疸、被毛无光泽且粗乱、卧地吃食，粪便含黏液或血液。虫体多时造成肠阻塞或穿孔，甚至引起死亡。出现上述问题的原因主要是，养殖者在肉牛育肥过程中对驱虫的必要性和重要性认识不足，对具体的方法和操作过程中应注重的事项没有充分掌握，致使在肉牛育肥过程中不驱虫或驱虫不科学等情况时有发生。因此，做好驱虫工作十分重要。

（一）原则

重视预防是最基本的原则。在流行区域内，对15~30日龄的犊牛实施驱虫。做好牛舍及运动场地的清洁卫生，做到勤清扫圈舍内粪便，并用发酵方法处理粪便。将母牛、小牛隔离饲养，从而减少母牛受感染的机会。

（二）常用驱虫药物

应在对本场牛群中寄生虫流行状况调查的基础上，选择最佳驱虫药物、驱虫时间，制订驱虫计划，要按计划有步骤地进行驱虫，注意驱虫时间，用药前和驱虫过程中加强牛舍灭虫（虫卵），防止重复感染。

表8-2　常用驱虫药物

药物名称	制剂	使用方法	使用剂量	备注
左旋咪唑	针剂	肌内注射	8mg/kg	对肠道线虫有效，对鞭毛虫无效
	片剂、粉剂	口服	8mg/kg	
丙硫苯咪唑	片剂、粉剂	口服	10~20mg/kg	对肠道线虫、吸虫、绦虫有效
1%伊维菌素	针剂	肌内注射	1mg/33kg	对肠道线虫及疥螨有效
阿维菌素	片剂、粉剂	口服	33μg/kg	对肠道线虫及疥螨有效
增效磺胺制剂	针剂	肌内注射	20~25mg/kg	可用于防治球虫、弓形虫
	片剂、粉剂	口服	30μg/kg	
盐酸氯苯胍	片剂、粉剂	口服	12~24mg/kg	对球虫、弓形虫有效
杀虫脒	油剂、乳剂	喷洒	0.1%~0.2%	外用杀疥螨
双甲脒	油剂、乳剂	喷洒	0.025%~0.05%	外用杀疥螨

（三）注意事项

坚持定期驱虫。结合本地情况，选择驱虫药物。一般每年春、秋两季各进行一次全牛群的驱虫，平常结合转群实施。

1. 驱虫时间

育肥牛驱虫要根据当地寄生虫流行特点选择适宜的时间。犊牛1月龄和

6月龄各驱虫一次。育肥牛在育肥之前要驱虫。一般在春季、秋季和成熟前驱虫。成熟前驱虫是近年提出的措施，此法是在深冬大剂量用药将牛体内寄生的成虫和幼虫全部驱除，以降低肉牛的荷虫量，避免或减少肉牛春乏致死。该方法的优点：一是把虫体消灭在成熟产卵前，防止虫卵和幼虫对外界环境的污染；二是切断宿主病程发展，利于保障育肥肉牛的健康。另外，驱虫工作最好安排在下午或晚上开展，牛在第2天白天排出体内虫体，利于收集处理。

2. 驱虫药物

药物选择原则是低毒、高效、经济、使用方便。当开展大规模驱虫时，必须进行驱虫试验，对驱虫药物的用法、剂量、驱虫效果及毒副作用有一个科学认识后方可大规模应用。用药前，应通过粪便性状、相关症状等进行确诊，然后根据所感染寄生虫病的虫的种类选择合适的驱虫药。驱线虫药有左旋咪唑、敌百虫、盐酸噻咪哇、哌嗪等；驱吸虫药有硝硫酚和硫双二氯酚等；驱囊虫药有吡喹酮；驱弓形虫药有乙胺嘧啶和磺胺类等。由于可以感染牛寄生虫病的虫子种类很多，有的还会发生并发感染，因此，无论选用哪一种药，最好是用一段时间后更换另一种药，从而降低产生抗药性的可能性，以免影响驱虫效果。

3. 驱虫时机

给肉牛驱虫不仅要对症下药，还要把握投药时机。投药太早则达不到驱虫效果，太迟则影响肉牛发育，形成僵牛。应根据寄生虫种类、肉牛发育情况和季节等确定驱虫时机。一般情况下，第1次驱虫宜选在肉牛达到30kg左右体重时进行，这样能实现将几种虫一齐驱除的效果。

4. 驱虫前要禁食

为便于驱虫药物的吸收，在驱虫前应先禁食12~18h，计算好用药量，将药研碎，在晚上7~8时将药物与饲料混合投放给肉牛一次吃完。驱虫用药期6d，实施固定地点饲喂、圈养，便于对场地进行清理、消毒等工作。

5. 驱虫畜舍需消毒

驱虫后肉牛排出的粪便及病原物都要集中开展无害化处理，粪便主要采用焚烧或深埋的方法清除。牛舍地面、墙壁和饲槽可用5%石灰水消毒。

6.驱虫后需认真观察

有呕吐、腹泻等中毒症状，应立即让牛饮服半熟绿豆汤；或用木炭50g拌料喂服，连用3d。用药21d后才可宰杀食用。

7.给有应激反应肉牛驱虫

牛因运输、惊吓或环境变化等因素，较易产生应激反应，可在饮水中加入适量食盐及红糖，连喂7d，同时，多投喂青草、青干草，2d后加入少量麸皮等精饲料，并观察牛群的采食、排泄及精神状况，在牛稳定后再开展驱虫和健胃工作。

第三节　肉牛"两病"防控与净化

牛的结核病和布鲁氏菌病简称"两病"，是人畜共患且能互相传染的慢性传染病。人患病后，病程长，久治不愈，严重的可丧失劳动能力。牛患病后，各项生产性能均下降，繁殖力降低，生产寿命严重缩短，造成不可挽回的经济损失。因此，做好肉牛"两病"监测工作，对保证人民健康、促进肉牛产业发展具有十分重要的意义。

"两病"监测即利用血清学、病原学等方法，对"两病"病原或抗体进行监测，以掌握牛群疫病情况，及时发现疫情，尽快采取有效防治措施。

一是每年定期开展"两病"监测，检测呈阳性牛，严格按《布鲁氏菌病防治技术规范》和《牛结核病防治技术规范》进行扑杀和无害化处理。

二是严禁从疫区调运牛。

三是调入牛产地必须实施强制性检疫、监测，并取得检疫合格证；调入牛严格执行隔离观察，经"两病"检测合格后混群。

四是做好布鲁氏菌病菌苗接种。选择经农业农村部批准生产的疫苗，按说明书进行免疫接种。

第四节　重大动物疫病的防控技术

一、口蹄疫

口蹄疫是人畜共患急性、热性高度接触性传染病。临床特征：口腔黏膜、四肢下端及乳房皮肤形成水疱和烂斑。口蹄疫感染广，流行快，难控制，虽多呈良性经过，但影响生产性能，耗费人力物力，影响对外贸易。各国及国际组织极为重视该病，将其列为全球各国共同商定扑灭的头号法定传染病。我国成立五号病指挥部。本病全球流行，尤其是欧洲、亚洲、非洲、南美洲，亚洲最严重，我国周边国家流行极为严重。欧洲44%的病例来自实验室及疫苗厂，56%来自畜产品。

（一）病原

病原体为小核糖核酸病毒科口蹄疫病毒，有7个主型、65个亚型，我国主要是 A 型、O 型和亚洲 I 型，欧洲主要是 A 型、O 型。

（二）流行病学

（1）易感动物：多种动物，偶蹄目为最。黄牛、奶牛 > 牦牛、水牛 > 猪 > 羊、驼。人中儿童严重、成人轻。

（2）易感性：幼龄 > 老龄。

（3）传染源：患病及带毒动物（病畜水疱皮1g可感染100万头牛、10万头猪）。

（4）传播途径：多途径、直接、间接。

（5）流行特点：本病呈跳跃式、直线式流行。3年左右1次，但近年连续流行，主要原因是动物数量大、更新快。冬、春两季较为严重。

（三）症状

口蹄疫潜伏期1~7d，一般2~4d。体温上升至40~41℃，全身症状明显，并有流涎、吮吸声。1d后唇内、口腔、舌面黏膜发疱，黄豆大，后融合至核桃大，淡黄色转灰白色，口挂白沫似胡须。1d后破溃，呈红色糜烂，体温下降至正常。口腔水疱出现1~2d后，蹄、乳房皮肤发疱，很快破溃、糜烂，1周愈合。继发感染者跛行，化脓，蹄匣脱落、变形，卧地。

良性口蹄疫，病程1~2周，死亡率3%左右，但目前已上升。个别表现为恶性口蹄疫，因心肌炎或者出血性胃肠炎而死亡，死亡率高达25%~50%，尤以犊牛多见。孕牛可流产，奶牛产奶量减少。

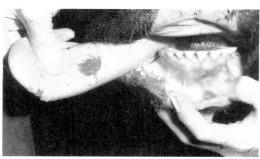

图8-1　口蹄疫导致牛齿龈、舌面不同程度溃烂

人如果感染口蹄疫，一般由伤口及口传播，潜伏期一般3~6d，有的甚至只有1d。牛、猪均可传染。第1期原发部位发疱，体温升高，第2期指间、趾间、舌面、鼻腔、面部、生殖器官发疱，表现为乏力、不适、沉郁、头疼、眩晕等。2~3周自愈，幼儿严重。

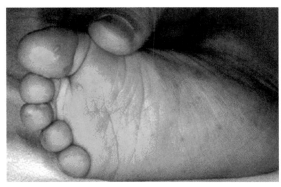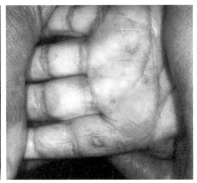

图8-2　幼儿感染口蹄疫后脚、手出现水疱

（四）病理变化

常见口腔和蹄部出现水疱和烂斑，咽喉、气管、支气管和前胃黏膜出现烂斑和溃疡。恶性口蹄疫可在心肌切面上见到灰白色或淡黄色条纹与正常的心肌相伴而行，如同虎皮状斑纹，常称为"虎斑心"。

（五）预防措施

对牛加强饲养管理，增强其抗病能力，积极配合疫病监测部门对本病抗体水平进行监测。若抗体水平低于国家标准，及时进行补免，疫苗选用口蹄疫灭活疫苗，按照说明书及时注射。

（六）疫情处置

按照"早、快、严"的原则，坚决扑杀，彻底消毒，严格封锁，防止扩散。划定疫点、疫区、受威胁区，对受威胁区家畜紧急免疫接种口蹄疫疫苗，同时对疫区进行封锁。

（七）治疗

应在严格隔离的条件下，及时对病畜进行治疗，精心饲养，加强护理，给予柔软的饲料。

口腔：用清水、食醋或0.1%高锰酸钾洗漱。

糜烂面：涂1%~2%明矾或碘酊甘油、冰硼散。

蹄部：用3%臭药水或来苏儿洗涤，擦干后涂松馏油或鱼石脂软膏等，再用绷带包扎。

乳房：用肥皂水或2%~3%硼酸水洗涤，然后涂以青霉素软膏或其他防腐软膏，定期将奶挤出以防发生乳房炎。

恶性口蹄疫：用强心剂和补剂，如安钠咖、葡萄糖盐水，喂服结晶樟脑。

二、传染性胸膜肺炎

传染性胸膜肺炎也称支原体性肺炎，是由支原体所引起的一种高度接触性传染病，牛感染此病也称牛肺疫，临床特征为高热，咳嗽，胸和胸膜发生浆液性和纤维素性炎症，呈急性和慢性经过，病死率很高。

本病见于许多国家，我国也有发生，特别是饲养山羊的地区较为多见。

（一）病原

病原体为丝状支原体，过去经常用的名称为类胸膜肺炎微生物（PPLO），支原体多形，可呈球菌样、丝状、螺旋状与颗粒状。细胞的基本形状以球菌样为主，革兰氏染色阴性。本菌在加有血清的肉汤琼脂可生长成典型菌落。

（二）流行病学

易感动物主要是牦牛、奶牛、黄牛、水牛、犏牛、驯鹿及羚羊。各种牛对本病的易感性，依其品种、生活方式及个体抵抗力不同而有区别，发病率为60%~70%，病死率为30%~50%，山羊、绵羊及骆驼在自然情况下不易感染，其他动物及人无易感性。主要传染源是病牛及带菌牛。据报道，病牛康复15个月甚至2~3年后还能感染健牛。病原体主要由呼吸道随飞沫排出，也可由尿及乳汁排出，在产犊时还可由子宫渗出物排出。自然感染主要传播途径是呼吸道。当传染源进入健康牛群时，咳出的飞沫首先被邻近牛吸入而感染，再由新传染源逐渐扩散。被病牛尿污染的饲料、干草，牛可经口感染。年龄、性别、季节和气候等因素对易感性无影响。饲养管理条件差、畜舍拥挤，可以促进本病的流行。牛群中流行本病时，流行过程常拖延甚久。舍饲者一般在数周后病情逐渐明显，全群患病要经过数月。带菌牛进入易感牛群，常引起本病的急性暴发，以后转为地方性流行。

（三）症状

传染性胸膜肺炎短则8d，长可达4个月。症状发展缓慢者，常在清晨冷空气或冷饮刺激或运动时，发生干性短咳，初始咳嗽次数不多，后逐渐增多，继之食欲减退，反刍迟缓，泌乳减少，此症状易被忽视。症状发展迅速者则以体温升高0.5~1℃开始。随病程发展，症状逐渐明显。按其经过可分为急性和慢性两型。

急性型症状明显而有特征性，体温升高到40~42℃，呈稽留热，干咳，呼吸加快而有呻吟声，鼻孔扩张，前肢外展，呼吸极度困难。由于胸部疼痛，不愿行动或下卧，呈腹式呼吸。咳嗽逐渐频繁，常是带有疼痛的短咳，咳声弱而无力，低沉而潮湿。有时流出浆液性或脓性鼻液，可见黏膜发绀。呼吸困难加重后，叩诊胸部，患侧肩胛骨后有浊音区或实音区，上界为一水平线或微凸曲线。听诊患部，可听到湿性啰音，肺泡音减弱乃至消失，代之以支气管呼吸音，无病变部位则呼吸音增强，有胸膜炎发生时，则可听到摩擦音，叩诊可引起疼痛。疾病后期，心脏常衰弱；脉搏细弱而快，每分钟可达80~120次，有时因胸腔积液，只能听到微弱心音或不能听到。此外，还可见到胸下部及肉垂水肿，食欲丧失，泌乳停止，尿量减少而尿比重增加，便秘与腹泻交替出现。病畜体况迅速衰弱，眼球下陷，眼无神，呼吸更加困难，常因窒息而死。急性病程患畜一般在症状明显后经过5~8d，约半数会死亡，有些患畜病势趋于静止，全身症状改善，体温下降，逐渐痊愈；有些患畜则转为慢性病程，整个急性病程为15~60d。

慢性型多数由急性型转来，也有开始即呈慢性经过者。除畜体消瘦，多数无明显症状。偶发干性短咳，叩诊胸部可能有实音区。消化机能紊乱，食欲反复无常。此种患畜在良好护理及妥善治疗下，可以逐渐恢复，但常成为带菌者。若病变区域广泛，则患畜日益衰弱，预后不良。

（四）病理变化

多局限于胸部。胸腔常有淡黄色液体，暴露于空气后有纤维蛋白凝块。肺严重肝变，切面呈大理石样。胸膜变厚而粗糙，上有黄白色纤维素附着，直至胸膜与肺、心包发生粘连。支气管淋巴结和纵隔淋巴结肿大，切面多汁并有出血点。心包积液，心肌松弛且变软。

（五）预防措施

本病预防工作应注意自繁自养，不从疫区引进牛，必须引进时，对引进牛要进行检疫。做补体结合反应试验2次，证明为阴性者，接种疫苗，经4周后运输，到达后隔离观察3个月，确证无病时，才可以与原有牛群接触。原牛群也应事先接种疫苗。

我国消灭牛肺疫的经验证明，根除传染源、坚持开展疫苗接种是控制和消灭本病的主要措施，即根据疫区的实际情况，扑杀病牛和与病牛有过接触的牛，同时在疫区及受威胁区每年定期接种牛肺疫兔化弱毒疫苗或牛肺疫兔化绵羊化弱毒疫苗，连续3~5年。我国研制的牛肺疫兔化弱毒疫苗和牛肺疫兔化绵羊化弱毒疫苗免疫效果良好，曾在全国各地广泛使用，对消灭曾在我国存在达80年之久的牛肺疫起到了重要作用。

（六）疫情处置

按照"早、快、严"的原则，坚决扑杀，彻底消毒，严格封锁，防止扩散。划定疫点、疫区、受威胁区，对受威胁区家畜紧急免疫接种牛肺疫疫苗，同时对疫区进行封锁。

（七）治疗

抗生素如红霉素、卡那霉素、泰乐菌素等也可使用。在治疗过程中不能静脉输液，以免增加病牛肺部压力，加重病情，导致病牛呼吸急促而窒息死亡。可以口服补液盐代替，按3 g/kg体重，加500 mL温水灌服，每日2次，连用4 d。

第五节　人畜共患传染病

一、布鲁氏菌病

布鲁氏菌病又称传染性流产，是由布鲁氏菌引起的一种人畜共患的接触性传染病。一年四季均可发病，但以家畜流产季节为多。发病率牧区高于农区，农区高于城市。流行区在发病高峰季节（春末夏初）可呈点状暴发流行。

（一）病原

牛布鲁氏菌病是由布鲁氏菌引起的一种人畜共患病，主要侵害生殖器官，引起母牛流产，公牛发生睾丸炎和附睾炎。

（二）流行病学

1. 传染源

羊在国内为主要传染源，其次为牛和猪。这些家畜感染本病后，早期往往导致流产或死胎，其阴道分泌物特别具传染性，其皮毛、脏器、胎盘、羊水、死胎、乳汁、尿液也常染菌。病畜乳汁中带菌较多，排菌可达数月至数年之久。

2. 易感动物

几乎所有动物都容易感染本病，按照易感程度可排列为羊＞牛＞猪。在试验动物中，小鼠最易感，其次是豚鼠，再次是鸽子。人对不同家畜所患布鲁氏菌病易感程度不同，一般羊布鲁氏菌病最易感，其次是猪布鲁氏菌病，再次是牛布鲁氏菌病。在所有感染动物中，雌性高于雄性，青壮年高于老幼。

3. 传播途径

（1）经皮肤黏膜接触传染，直接接触病畜或其排泄物、阴道分泌物、娩出物；或在饲养、挤奶、剪毛、屠宰以及加工皮、毛、肉等过程中没有注意防护，可经皮肤微伤或眼结膜受染；也可间接接触病畜污染的环境及物品而受染。

（2）经消化道传染，食用被病菌污染的食品、水，或食用生乳以及未熟的肉、内脏而受染。

（3）经呼吸道传染，病菌污染环境后形成气溶胶，可发生呼吸道感染。这3种途径在流行区可2种或3种同时发生。

（4）其他，如苍蝇携带、蜱叮咬也可传播本病。

（三）症状

本病潜伏期短者2周，长者可达半年。牛感染上布鲁氏菌病后，多数病例为隐性传染，不表现明显症状。虽然部分病牛在患病初期有不同程度的体温反应，但常常不易被察觉。母牛除流产外，其他症状常不明显。流产多发生在妊娠后第5~8个月，产出死胎或弱胎。

流产前母牛精神沉郁，食欲减退，起卧不安，阴道黏膜和阴门肿胀，流出黏脓性分泌物，随后产出死胎，或产出生活力很弱的胎儿，胎儿很快死亡；胎衣往往滞留不下，常伴发子宫内膜炎。流产后阴道内继续排出褐色恶臭液体。公牛发生睾丸炎，并失去配种能力。有的病牛发生关节炎、滑液囊炎、淋巴结炎或脓肿。

图8-3　患布鲁氏菌病母牛流产的胎儿

（四）诊断

1. 初诊

根据流行病学调查，孕畜发生流产，特别是第一胎流产多，并出现胎衣不下、子宫内膜炎、不孕；公牛出现睾丸炎、附睾炎、不育等可怀疑患该病，但确诊需进行实验室诊断。

2. 实验室诊断

（1）病原学检查：采流产胎儿的（胃内容物、脾、肝等）胎衣、阴道分泌物、乳汁等涂片，进行柯氏染色。具体方法：将涂片在火焰上固定，滴加0.5%沙黄液，并加热至出现气泡，2~3 min，水洗后，再滴加0.5%孔雀绿液，复染40~50 s，水洗，晾干，镜检。检验结果为布鲁氏菌呈红色，其他细菌及细胞呈绿色。布鲁氏菌大部分在细胞内，集结成团，少数在细胞外面。

（2）分离培养：布鲁氏菌为需氧菌，对营养要求严格，初代分离培养时，须在含肝汤、血清等营养丰富的培养基上才能生长。可在基础培养基如血琼脂中加入2%~5%的牛血清或马血清，或者血清葡萄糖琼脂、甘油葡萄糖琼脂等。该菌生长缓慢，一般需要7 d或更长时间才能长出肉眼可见的菌落。该菌分解糖类的能力因种类而不同。一般能分解葡萄糖产生少量酸，不能分解甘露糖，不能产生靛基质，不液化明胶。V–P试验及MR试验均为阴性。有些菌型能分解尿素和产生硫化氢。

（3）血清学试验：检疫的常用方法是虎红平板凝集试验、试管凝集试验（凝集试验，判定凝集效价1∶50可疑，1∶100以上为阳性）。全乳环状试验常用于无污染牛群布鲁氏菌病的监测。

（五）防控措施

我国对牛、羊、猪布鲁氏菌病采取常年预防免疫注射、检疫、隔离、扑杀来淘汰阳性畜的综合防控措施。一要做好预防。疫苗预防免疫是控制布鲁氏菌病的有效措施，但目前使用的活苗对人有不同程度的残余毒力，防疫过程中应注意自身防护。二要坚持定期检疫，对种畜和奶牛每年进行2次检疫，要隔离、扑杀淘汰阳性畜，培育健康畜群；对犊牛、羔羊进行隔离饲养，定期检疫，扑杀淘汰阳性畜。三要加强饲养环节的管理，坚持自繁自养，不从疫区引进种畜，需要引进时要对引进畜进行严格检疫。四要完善消毒制度，被病畜污染的畜舍、运动场和用具等要严格消毒。五要加大防病知识宣传力度，使广大群众了解和掌握一定的防病知识，既要防止布鲁氏菌在畜间传播，又要防止病畜传染人。

（六）治疗

一般病牛应淘汰，因其无治疗价值。价值较昂贵的种牛，可在隔离条件下进行治疗。流产伴有子宫内膜炎的母牛，可用0.1%高锰酸钾溶液冲洗阴道和子宫，每日早晚各1次。另外，应用抗生素（如四环素、土霉素、链霉素等）治疗。

（七）做好个人防护

1. 防止经皮肤和黏膜感染

（1）防止接触家畜流产物引起感染。

（2）在处理流产胎儿、死胎时，应做好个人防护，除备有工作服、橡皮围裙、帽子、口罩和胶鞋外，还应戴乳胶手套和线手套，备有接产袋和消毒液，严禁赤手抓流产物。

（3）家畜流产胎儿、胎盘、胎衣或死胎等，不能随意丢弃。

（4）不要食用流产胎儿。

（5）防止接触皮毛引起感染。剪毛、收购、保管、搬运和加工皮毛的工作人员，工作时应做好个人防护，不要赤手接触皮毛，工作后应洗手、洗脸和洗澡。

工作场地应及时清扫、消毒。

2. 防止经消化道感染

（1）不吃不干净和生肉食品。应按预防肠道传染病的一般卫生要求做好饮食、饮水卫生，不吃不清洁或被布鲁氏菌污染的食物。勤洗手、喝开水、吃熟食。

（2）奶和奶制品的消毒。各种奶及其制品必须经巴氏消毒法和煮沸法消毒，煮沸后应立即冷却。装奶用的桶及其他容器，用后一定要洗净、消毒。

（3）肉类加工和食用时的卫生措施。在食用涮羊肉、烤羊肉时，一定要煮（烤）熟后再吃，以免感染布鲁氏菌病。家庭烹饪时，应将家畜肉切成小块，煮熟后再食用，切忌吃生肉或半生肉，尤其是内脏。要把生肉和熟肉分开放，切肉的刀具应及时洗净，避免污染其他食物和炊具。

（4）防止饮水传播布鲁氏菌病。要加强对水源的管理，垫高井台、加井盖，定期消毒。

饮用水源周围要用木栅栏围起来，不让牲畜进入，定期消毒。布鲁氏菌病家畜用过的不流动贮水池，须经过3个月后才能让健康畜在其中饮水。

3. 防止经呼吸道感染

按规定着装，特别应戴口罩。做好对工作现场的消毒。

家畜圈粪常晾晒，牲畜停留过的地方要清扫、消毒。家畜的粪便要及时运到粪坑或偏僻、远离水源的地方集中堆放、泥封，经过生物发酵作用杀死布鲁氏菌后方可用于农田。

4. 减少人与牲畜接触

牛、羊育肥场远离居民点和人用水源1 km以上。圈养动物不得散放和串街，不得放入公共场所，饲养过牲畜的场所进行消毒。饲养牲畜的专业户应建立产房，在产房内接产、哺育。产房内备有防护服、消毒液、肥皂、面盆、毛巾等，做好个人防护。不要用人用的盆或碗喂养家畜，小孩不要和幼畜玩耍。

二、结核病

结核病又称痨病或白色瘟疫。世界卫生组织（WHO）将其列为B类动物疫病，我国将其列为二类动物疫病。临床以频咳、呼吸困难及体表淋巴结肿大为特征。病理特征为在多种组织器官形成肉芽肿和干酪样坏死或钙化结节。

（一）病原

本病是由结核分枝杆菌引起的人畜共患的慢性传染病。

（二）流行病学

1. 易感动物

本病可侵害多种动物，据报道，约50种哺乳动物、25种禽类可患病。奶牛最易感，其次为水牛、黄牛、牦牛。人也可感染。

2. 传染源

结核病病牛是本病最主要的传染源。

3. 感染途径

健康牛可通过被污染的空气、饲料、饮用水等经过消化道、呼吸道等途径感染。

（三）症状

该病潜伏期牛一般为16~45d，有的更长。临床以肺结核、乳房结核、肠结核最为常见。病牛初期有短而干性咳嗽，随后加重，日渐消瘦、贫血，体表淋巴结肿大。

（1）肺结核以长期顽固的干咳为特点，且以清晨最明显。食欲正常，容易疲劳，午后和晚上体温升高，逐渐消瘦。病情严重者，可见呼吸困难，发生全身性结核，即粟粒性肺结核。

（2）乳房结核一般先是乳房上淋巴结肿大，继而后乳区患病，以出现局限性或弥漫性的硬结为特点，硬结无热无痛，表面高低不平。泌乳量减少，乳汁变稀，严重时乳腺萎缩，泌乳停止。

（3）肠结核以消瘦和持续性下痢，或便秘、下痢交替出现为特点。粪便带血或带脓汁，味腥臭。

犊牛多发生消化道结核，出现消化不良、顽固性下痢；生殖系统结核见性机能紊乱、性欲亢进、频繁发情、屡配不孕、流产、睾丸肿大等；脑结核见癫痫症状、运动障碍；胸膜、腹膜出现结核病灶时呈现所谓的"珍珠病"，胸部听诊可听到摩擦音。

羊结核病极少见，一般呈慢性经过，无明显临床症状。

（四）病理变化

牛结核多见肺结核和肺门淋巴结结核。严重时纵隔淋巴结肿大；胸膜、心外和脑膜均可见结核结节。结节从粟粒大至豌豆大，甚至互相融合，变成大的干酪样坏死。浆膜结核由于大小相似，形如珍珠，俗称"珍珠病"。肠结核和气管黏膜结核多形成溃疡。乳房结核是细菌通过血液循环蔓延的结果，表现为干酪样坏死。

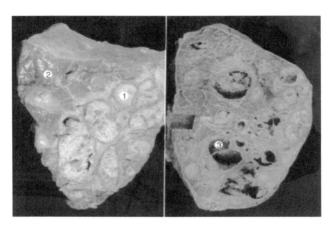

1.肺结核，左侧干酪样结节，结节间为纤维结缔组织；2.正常肺组织；3.右侧干酪样坏死后形成肺空洞

图8-4 肺部结核病变

（五）诊断

根据流行病学、症状和病理变化可诊断。确诊需做组织涂片、抗酸染色，镜检见红染杆菌；畜群可做结核菌素试验。有条件时做细菌分离培养、动物接种。荧光抗体技术准确、快速。

（六）防治

严格执行综合防疫措施，防止疫病传入。引进种畜应严格隔离、检疫。牛群每年春、秋两季用结核菌素检疫，阳性者淘汰。病牛所产犊牛，吃完3 d初乳后，应找无病的保姆牛喂养或喂消毒奶；于1月龄、6月龄和7.5月龄检疫3次，阳性者淘汰，假定健康牛，每隔3个月检查1次。加强消毒工作，每半年1次。

（七）治疗

处方1：（1）链霉素600万~800万IU，注射用水30mL。用法：一次肌肉注射，每天2次，连用5d。（2）异烟肼0.8g。用法：一次口服，每日2次，可长期服用。说明：也可用利福平3~5g口服，或与异烟肼配合应用。

处方2：（1）卡那霉素400万IU。用法：一次肌肉注射，每日2次，连用5d。（2）对氨基水杨酸钠80~100g。用法：每日2次，口服。注：诊断牛结核病用牛型结核菌素，诊断绵羊、山羊结核病用稀释的牛型和禽型2种结核菌素。消毒药常用5%来苏儿或克辽林、10%漂白粉、20%石灰乳。

三、炭疽

炭疽是由炭疽杆菌引起的人和动物共患的一种急性、热性、败血性传染病，常呈散发或地方性流行。其特征是血液凝固不良，天然孔出血，死后尸僵不全，脾脏肿大，皮下和浆膜下出血，胶样浸润。

（一）病原

炭疽杆菌存在于炭疽病畜的尸体、土壤和水中。病畜死亡后脏器、血液、淋巴系统、分泌物及排泄物等均有炭疽杆菌存在。其中以脾脏的含菌量最多，血液的含菌量次之。

炭疽杆菌的繁殖型菌体对外界理化因素的抵抗力较弱，但形成芽孢后抵抗力特别强，在污染的土壤、皮毛及掩埋炭疽病畜尸体的土壤中能存活数年至数十年，在粪便和水中能长期存活。煮沸1h尚能检出少数芽孢，加热至100℃，2h才能全部杀死。消毒药杀芽孢的效果为：乙醇对芽孢无害；3%~5%苯酚1~3d；3%~5%来苏儿12~24h；4%碘酊2h；若在0.1%升汞中加入0.5%盐酸则1~5min；据报道，20%漂白粉或10%氢氧化钠消毒作用显著。

（二）流行病学

1. 易感动物

各种家畜和人均可感染，其中牛、马、绵羊易感性最强；山羊、水牛、骆驼和鹿次之；猪易感性较低。狗、猫等杂食动物，虎、狮、豹、狼等肉食动物，也可因误食炭疽病畜肉而感染死亡。

2. 传染源

病畜的分泌物、排泄物和尸体等都可作为传染源。

3. 传播途径

（1）通过消化道感染：采食或饮用被炭疽杆菌污染的草料、井水、河水，以及在污染牧地放牧受到感染。

（2）通过皮肤感染：主要是由带有炭疽杆菌的吸血昆虫叮咬及创伤（如绵羊的剪毛、断尾、去势伤口，咽黏膜创伤等）而感染。

（3）通过呼吸道感染：吸入混有炭疽芽孢的灰尘，病菌通过黏膜侵入血液而发病。

4. 季节性

本病有一定的季节性，夏季发病较多，秋、冬两季发病较少。夏季发生较多，可能与放牧时间长、气温高、雨量多、吸血昆虫大量活动等因素有关。

（三）症状

潜伏期20 d。病牛多呈急性经过，病初体温高达41℃，呼吸增速，心跳加快；食欲废绝，有时可见瘤胃膨胀；可视黏膜有出血点；有时精神兴奋，行走摇摆；皮肤型炭疽常发生于颈、胸、腰及外阴，有时发生于口腔，造成严重的呼吸困难；发生肠痈（肠型炭疽）时，下痢带血，肛门浮肿。

呈慢性经过的病牛，颈、胸前、肩胛、腹下或外阴部常见水肿；皮肤病灶温度增高，坚硬，有压痛，也可发生坏死，有时形成溃疡；颈部水肿常与咽炎和喉头水肿相伴发生，致使呼吸困难加重。最急性型常在放牧或使役中突然倒毙，无典型症状。急性病例一般经24~36 h后死亡，亚急性病例一般经2~5 d后死亡。

（四）病理变化

炭疽病畜的尸体、血液和各脏器组织内含有大量炭疽杆菌，暴露在空气中则形成芽孢，抵抗力很强，不易被彻底消灭。因此，对病畜禁止剖检。

牛表现为天然孔流出煤焦油样血液，血液凝固不良；皮下、肌肉及浆膜上均有红色或黄色胶样浸润和出血点；脾肿大，包膜紧张，甚至破裂；肺充血，水肿；心肌松软，心内外膜出血；全身淋巴结肿大，出血。

1. 急性败血型

尸体迅速腐败而膨胀，尸僵不全，天然孔流出暗红色带泡沫的血液。黏膜呈暗紫色，有出血点，剥开皮肤可见皮下、肌肉及浆膜有红色或黄红色胶样浸润，并有数量不等的出血点。血液黏稠，颜色为黑紫色，呈煤焦油样，不易凝固。

脾脏高度肿大，比正常大2~5倍，包膜紧张，切面脾髓软如泥状，黑红色，脾的结构模糊不清，用刀可大量刮下。淋巴结肿大，出血。肺充血、水肿。心、肝、肾变性。胃肠有出血性炎症。

2. 痈型

痈型炭疽实质上是局部组织或器官发生的出血坏死性或浆液出血性炎症。其中心部位发生坏死呈黑褐色，致密、坚实；坏死区周围出血、色红；再向外则是大面积淡黄色或黄红色胶样浸润。体表痈肿部呈现浆性出血性水肿。

痈型炭疽按发生部位可分为肠型、咽型、皮肤型。其中，肠型多见于十二指肠及空肠，初为红色圆形隆起，界限明显，表面覆有纤维素，随后发生坏死，形成灰褐色痂。周围组织及肠系膜出血。咽型可见扁桃腺坏死，喉头、会厌、颈部组织发生炎性水肿。周围淋巴结肿胀、出血、坏死。

（五）诊断

当尸体新鲜时，可从颈静脉、乳房静脉或耳静脉收集血液进行细胞学检查或细菌培养。尸体腐烂或超过12 h梭状芽孢杆菌会大量增殖，造成细菌学诊断的混乱。

血液样品或血涂片应在实验室检查。当时病死牛的鉴别诊断中认为有可能是炭疽时，剖检时应戴手套和口罩、穿工作服。炭疽的主要病变为脾脏肿大，大面积浆膜出血，体腔液中有血样或浆液血样液体，天然孔分泌物为黑红色或黑色。

（六）治疗

急性和最急性病例因病程急不可能治疗。大剂量的青霉素或四环素对早期病例和较少见的局部炭疽是有效的。

发现病牛应尽快隔离治疗，应用青霉素250万~400万IU，肌内注射，每日3~4次，连用3 d；也可用四环素治疗。配合使用抗炭疽血清100~200 mg，静脉注射，效果更好。也可应用磺胺嘧啶钠注射液治疗。

治疗皮肤型炭疽，在其周围分点注射抗生素类药物，并局部热敷，或用苯酚棉纱布包扎。

（七）预防

已确诊有炭疽病牛的牛场，立即实行隔离封锁。病死牛尸体严禁剖检，应立即焚毁或深埋，更严禁食用，对污染的场地要用杀菌消毒液彻底消毒，焚毁污染的垫草、饲料及其他杂物等。在最后1头病牛死亡或治愈后15 d，再未发现新病牛时，经彻底消毒杀菌后，才可以解除封锁。非疫区（即安全区）应加强牛群检疫工作，严防引进外来病牛。每年春、秋两季必须定期给牛接种1次炭疽芽孢疫苗。

第六节　围产期母牛疾病

一、阴道脱出

由于各种原因，繁殖母牛在怀孕后期发生阴道脱出。一般多发生于产前，在母牛卧地时，可见到有一鹅蛋或拳头大的粉红色瘤状物夹在两侧阴唇之中，或露出于阴门之外，站立时，脱出部分多能自行缩回。

（一）病因

1. 激素影响

怀孕后期，胎盘产生过多的雌激素，或卵巢囊肿时产生大量的雌激素，均可使骨盆内固定阴道的组织和韧带松弛，导致阴道脱出。

2. 腹腔压力

怀孕后期胎儿过大、胎水过多或怀双胎使腹内压增大。

3. 饲养管理不当

营养不良，体弱消瘦，或年老经产，运动不足时，全身组织特别是盆腔内的支持组织张力减弱，可引起本病发生。

4. 疾病因素

瘤胃鼓气、积食、便秘、下痢、分娩瘫痪、产前截瘫、直肠脱出、阴道受到过分刺激、严重的骨软症卧地不起以及产后努责过强等，可继发阴道脱出。

5. 其他因素

如母牛在怀孕末期卧地时间过久，或长期饲养于前高后低的厩床，子宫受到腹内脏器压迫而后移，挤压阴道而使其部分脱出或全部脱出。

（二）临床症状

1. 部分脱出

阴道部分脱出时，阴道壁的位置发生改变，形成皱襞从阴门中突出来。多发生于产前，在母牛卧地时，可见到有一鹅蛋或拳头大的粉红色瘤状物夹在两侧阴唇之中，或露出于阴门之外，站立时，脱出部分多能自行缩回。如病因未除，反复脱出，则脱出的阴道壁会逐渐增大，以致患牛站立后需经过较长时间才能缩回，有的则不能自行缩回。脱出时间过久，黏膜充血、水肿、干燥，甚至龟裂，流出带血的液体。脱出的黏膜上常常沾有粪便、垫草和泥土。母牛每到怀孕后期均发生此病者，叫习惯性阴道脱出。

2. 完全脱出

阴道完全脱出时，阴道壁形成一囊状物，突出于阴门之外。完全脱出多由部分脱出发展而来。部分脱出时，脱出的阴道壁发炎造成刺激，引起母牛努责，使脱出的部分越来越大，最后完全脱出，有的病牛甚至膀胱也通过尿道外口向外翻出来。病牛常表现出不安、弓背、努责、频繁做排尿动作，如发炎和损伤严重，又发生在产前强烈持续努责时，可能引起直肠脱出、胎儿死亡和流产。

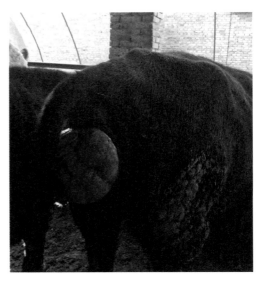

图8-5　繁殖母牛怀孕后期阴道脱出

（三）诊断

根据临床症状，可确诊本病。

（四）治疗

1. 保守疗法

对站起后能自行缩回的阴道部分脱出，特别是快要生产的病例，治疗时首先要防止脱出的部分继续扩大和受到损伤，这种患牛分娩后多能自愈。对站起后不能自行缩回的阴道部分脱出和全部脱出的患牛，则应及时整复，并加以固定。

2. 手术疗法

适用于阴道完全脱出和不能自行缩回的部分脱出。整复前对脱出部分清洗消毒，切忌动作粗鲁引起损伤。对出现水肿瘀血者，事先加以处理，如有破口须用肠线缝合。注意应对孕牛子宫颈内黏液塞多加保护，避免破坏和污染。为了防止阴道再次脱出，整复之后应加以固定。

固定阴道的方法很多，常用的有以下2种。

圆枕缝合：将阴门充分清洗消毒后，于距阴门边缘1~4cm处进针，于距阴门皮肤与黏膜交界处0.5cm以上的部位出针，一般缝合3~5针。注意不应将阴门下角全部缝合，以免妨碍排尿。为防止扯破阴门组织，可在外露线上套上短胶管。待3~5d后，患牛确无努责表现时，可拆除缝线。

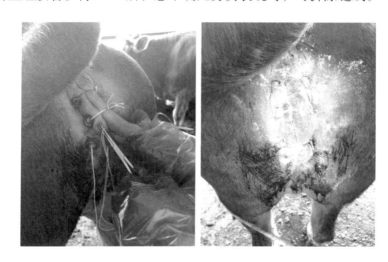

图8-6　阴道脱出缝合处理

袋口缝合：此法固定结实，不易扯破皮肤，较为常用。从阴门一侧下角距阴门2~4cm处进针，在粗缝线上套上一节长约2cm的胶管，隔2~3cm再进针，以同样的距离和方法围绕阴门缝合1周，然后将缝线拉紧打结，松紧程度以能自由插入3个指头为宜。缝合结束后，注意观察是否影响排尿，如打结过紧应及时调整放松。对怀孕后期的母牛要注意随时观察，临产前要及时拆线。

（五）预防

（1）怀孕后期的母牛自由活动，不要将其长期拴在前高后低的圈棚中饲养。

（2）每次喂食不要过饱，每天的草料分3~4次饲喂，以免一次饲喂造成腹压过大。

（3）根据母牛的体质，适当补充精饲料，避免精饲料过多造成胎儿过大。

（4）对于体弱消瘦的母牛，及时补充营养，并增加运动量和光照，增强其体质。

二、子宫脱出

（一）病因

1. 产后用力努责

母牛主要在产程第3期容易发生子宫脱出，也就是胎儿排出后不久，部分胎儿胎盘已经脱离母体胎盘。该阶段只需要腹壁肌收缩的力量就能够促使沉重的子宫进入骨盆腔，此时如果母牛受到某些刺激而导致机体发生强烈努责，如阴门及产道发生损伤、胎衣不下等，造成腹压明显增高，则子宫内翻以及脱出。

2. 外力牵引

产程第3期，部分胎儿胎盘已经脱离母体胎盘，并悬垂在阴门外面，这会对子宫产生外牵力而使其内翻，尤其是在脱出的胎衣里面含有尿液或者胎水时，胎衣对子宫的拉力就会增强，如果此时机体处于前高后低的状态，就会促使孕牛快速发病。

3. 子宫弛缓

母牛产后发生子宫脱出的内在因素是韧带松弛、子宫弛缓。子宫弛缓会导致子宫颈闭合时间延后，并减缓子宫角体积的缩小，更容易在腹壁肌收缩以及胎衣牵引的作用下引起子宫脱出。

（二）临床症状

子宫脱出可分成两种类型，即子宫半脱和子宫全脱。子宫半脱是指产道、宫颈或者部分子宫体脱到阴门之外；子宫全脱是指从阴门中有一个袋状物体脱出，也就是产道和子宫体完全脱出。子宫脱出后的初期，病牛表现出烦躁不安，伴有疼痛，不停来回走动，且持续努责和回头观望；后期会表现出精神萎靡，停止采食，甚至卧地不起。在脱出的子宫上面存在大量暗红色的母体胎盘子叶，且非常容易出血。另外，子宫黏膜上通常会黏附部分胎衣、粪便、泥沙和垫草等。脱出子宫的颜色会随着脱出时间长短不断变化，开始呈鲜红色，具有光泽，但是一段时间之后就会出现瘀血和水肿，从而变成紫红色，且表面开裂，往往有淡黄色的渗出液流出。此外，在临床上还会出现一种比较少见的情况，即病牛经常努责，并表现出类似疝痛的症状，此时可能是由于子宫角或者肠管翻到子宫腔内而形成套叠，但是只有采取阴道检查才能够被发现。

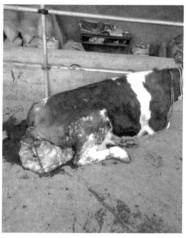

图8-7 母牛子宫脱出

（三）诊断

根据临床症状，可确诊本病。

（四）治疗措施

1. 手术治疗

保定是确保整复能否顺利进行的关键，通常母牛后躯被抬起得越高，腹腔器官越向前移动，骨盆腔所受压力越小，从而在整复时会遇到越小的阻力，更加有利于操作。但要注意的是，母牛保定前必须确保直肠内存在的粪便被排净，避免在整复过程中出现排便而导致子宫被污染。清创消毒，即在母牛保定后对脱出部位使用0.1%高锰酸钾溶液进行多次清洗，清除坏死组织，然后对水肿部位进行针刺，促使瘀血及液体排出，体积缩小，子宫变得柔软，并将破裂口缝合，用经过消毒的纱布拭干，然后在子宫壁涂抹一层植物油或者液状石蜡油，接着用纱布包裹，避免发生感染。麻醉，即在硬膜外腔注射10 mL 0.2% 普鲁卡因进行麻醉，防止发生努责，减轻痛感。在进行整复时，病牛可先静脉注射适量的硼葡萄糖酸钙，用于减轻瘤胃鼓气，接着让两名助手用浸有生理盐水的灭菌布兜住子宫并提高，使其

与阴门一样高，接着进行整复。另外，在确认子宫腔内不存在膀胱和肠管时，为防止子宫黏膜发生损伤，也可从下到上先对子宫使用长条形灭菌巾进行缠绕，让一名助手将其托起，并在整复过程中边松解布条边将其推入骨盆腔，自后送入腹腔内复位。整复时，一般先从接近阴门的部位或者下部开始，但要注意必须确保在机体停止努责时操作，并在努责时紧紧顶压住送回的部分，避免再次脱出。为确保整个子宫都复位，可将9~10 L热水注入子宫内，

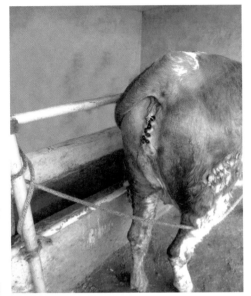

图8-8　整复好的母牛

接着导出。整复结束后，要向子宫内注入大剂量的抗生素或者其他防腐抑菌药物，并注射适量的能够促使子宫收缩的药物。另外，为防止子宫整复后不会再次脱出，可缝合阴门，可让助手在阴门结节处缝合数针，也可在阴门上进行2~3针荷包缝合、圆枕缝合或者双内翻缝合等。注意缝合松紧度适宜，既要有效固定，还要确保能够顺利排尿。缝合后，可在阴门两边中间距离阴唇5 mm处分别注射10 mL高浓度酒精，通过刺激阴门两侧的组织出现无菌性炎症而明显肿胀，形成压迫，从而能够进一步避免发生子宫复脱。通常在2~3 d后，母牛停止努责时就可将缝合线拆除，但要注意拆线前必须

每天进行一次直肠检查，如果发现子宫角内翻，要立即进行整复，不然会对今后的受孕产生不良影响。

2. 药物治疗

根据患病母牛的年龄、体形大小以及体质强弱，可每次肌肉注射300万~400万IU青霉素，每天4次，连续使用3~5d，防止发生感染。对于体质虚弱的母牛，可静脉滴注2 000~3 000 mL 0.5%葡萄糖生理盐水，每天1次，连续使用3 d。

（五）预防措施

（1）母牛妊娠时注意合理的饲养管理，增强其体质，同时使其适当运动以保持肌肉的紧张性。

（2）合理正确地助产，牵拉胎儿时不要用力过急过猛，防止子宫脱出。

（3）分娩后及时进行产道检查，及早发现产道是否损伤和有无子宫内翻现象，及时处理产道损伤，注意观察母牛产后是否出现强烈努责，防止发生子宫脱出。

（4）忌用系重物的方法治疗胎衣不下，胎衣不下牵拉时也不能用力过大，以免子宫内翻和脱出。

三、胎衣不下

胎衣不下指母畜分娩出胎儿后，在第3产程的生理时限内未能排出胎衣的病理现象。牛正常分娩时间为12~18 h。

（一）病因

（1）产后子宫收缩无力及胎盘异常，如未成熟或老化、充血、水肿、发炎等。

（2）孕期运动不足，钙、磷缺乏及微量元素缺乏，尤其是硒和维生素E缺乏，胎儿过多等，都可造成子宫收缩力不足。

（3）流产、早产等，胎盘尚未成熟，不易分离。

（4）胎盘老化、充血、水肿时，绒毛箝闭于腺窝内，不易分离脱落。

（5）母畜患有子宫内膜炎、胎膜炎（布鲁氏菌病）等，母体胎盘与胎儿胎盘发生炎性粘连。

（二）临床症状

胎衣不下分为部分不下和全不下。胎衣全不下时，牛、羊胎衣脱出的部分常为尿绒毛膜，呈土黄色，表面有许多大小不等的子叶。子宫严重弛缓时，全部胎膜可能滞留在子宫内，悬吊于阴门外的胎衣也可能断离。胎衣部分不下时，只有一部分胎盘残留在子宫内。将脱落不久的胎衣摊开在地面上，仔细观察胎衣破裂处的边线及其血管断端能否吻合以及子叶有无缺失，从而判断是否发生胎衣部分不下。

由于胎衣的刺激作用，病牛常常表现为弓背和努责。胎衣在产后一天之内就开始变性分解，夏天更易腐败。在此过程中，胎儿子叶腐烂液化，因而胎儿绒毛会逐渐从母体

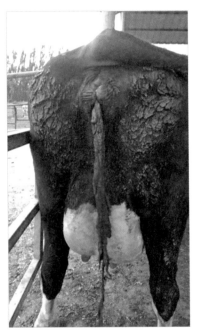

图8-9 胎衣不下

腺窝中脱离出来。子宫颈不完全关闭，从阴道排出污红色恶臭液体（说明子宫已感染，正常有腥无臭），患牛卧下时排出量较多。液体内含胎衣碎块，特别是胎衣的血管不易腐烂，很容易观察到。向外排出胎衣的过程一般为7~10 d，长者可达12 d。由于感染及腐败胎衣的刺激，病牛会发生急性子宫炎。胎衣腐败分解产物被吸收后则会引起全身症状，如体温升高，脉搏、呼吸加快，精神沉郁，食欲减退，瘤胃弛缓，腹泻，产奶量减少。

（三）诊断

产后养殖牛从阴门脱出土红色尿绒毛膜，表面有许多大小不等的子叶，产后超过12 h此胎膜还未脱落时，可诊断为胎衣不下。

（四）治疗

尽早采取措施促进子宫收缩，排出胎衣；防止胎衣腐败吸收；局部和全身抗菌消炎。

（1）肌肉注射雌激素、催产素，促进子宫开张及子宫收缩，同时向子宫内投药，如土霉素、环丙沙星等，抗菌消炎，严重的全身用药。10% 氯化钠，子宫腔内灌注。有条件的可以实施人工胎衣剥离术。

（2）注射雌二醇／氯前列烯醇，溶解黄体，促进子宫收缩与净化，防治子宫炎（21 d 以内为子宫炎）与子宫内膜炎（21 d 以后为子宫内膜炎）。

（3）清宫促孕宝治疗：母牛生产6 h 后胎衣依然没有排出，可先用10% 氯化钠子宫灌注500 mL（灌注10% 氯化钠的好处是便于胎衣与子宫分离），30 min 后再灌注清宫促孕宝100~200 mL，一般1 d 后可完全排出胎衣。如果子宫灌注后隔2~3 d 胎衣未完全脱落，可以用手轻轻剥离，整个胎衣即可顺势落下，然后再往母牛子宫灌注50 mL，可防止母牛子宫炎症和产后热的发生，利于下一次的正常发情配种。

（五）预防

（1）应合理搭配日粮，加强运动，定期检疫，补充微量元素和维生素，如维生素 E 和硒。

（2）有条件的养殖场（户）可在产完犊牛后当天对母牛注射4针：缩宫素、氯化钙、葡萄糖、雌二醇／氯前列烯醇，作用分别如下。

缩宫素：能够促进子宫收缩，及时排出胎衣，同时对子宫复旧也起到很好的作用。

氯化钙、葡萄糖：能够预防生产瘫痪（低血钙），同时给母牛补充能量，使其尽快恢复体能。

雌二醇／氯前列烯醇：能够溶解孕期黄体，使母牛尽早进入发情期。

四、子宫内膜炎

子宫黏膜的炎症，是导致母畜不育的重要原因之一。

（一）病因

病原体感染是主要原因，产后子宫颈口开放，细菌侵入子宫腔（90%以上产后牛会感染）。

子宫内膜炎多继发于分娩异常，如难产、胎衣不下、流产、产道损伤等；配种、人工授精或阴道检查、剖宫产手术等，无菌操作不严格，造成子宫感染；此外，布鲁氏菌、副伤寒沙门氏菌及某些病毒和真菌等，也能造成子宫内膜炎。

（二）临床症状及诊断

子宫内膜炎分为临床型与亚临床型两种。临床型子宫内膜炎包括急性、亚急性与慢性子宫内膜炎。

急性子宫内膜炎多为环境致病菌感染，病情严重，症状明显，有全身症状、弓背、努责，从阴门中排出黏液性或脓性分泌物，严重者分泌物呈污红色，卧下时排出量较多；体温升高，精神沉郁，食欲及产奶量明显降低。

慢性子宫内膜炎多为化脓隐秘杆菌（以前称为化脓性放线菌）感染。一般无明显的全身症状，但自阴门流出少量灰白色或黄白色分泌物，排尿、排粪或卧地时排出量较多。

亚临床型子宫内膜炎，又称隐性子宫内膜炎，平时无明显的临床症状，发情时可见分泌物增多且不清澈透明，或为黄白色，屡配不孕。冲洗回流液呈淘米水样或米汤样。

（三）治疗

改善饲养管理，积极进行局部治疗，同时结合全身症状进行对症治疗。

局部治疗，冲洗子宫、宫内给药（如土霉素、环丙沙星等）。急性子宫内膜炎病畜，冲洗子宫易导致感染扩散、病情加重。对这类病畜，以全身用药和提高子宫净化能力为主。

应用抗生素（头孢噻呋、青霉素与氨苄西林、环丙沙星或马波沙星等）、抗炎止痛药（氟尼辛葡甲胺、美洛昔康、布洛芬等）、缩宫素与雌二醇/氯前列烯醇、复方氯化钠、维生素 C 等。

彩用激素疗法（雌激素、催产素等）。

慢性子宫内膜炎，以局部治疗为主。主要药物有氯前列烯醇，缩宫素与雌二醇，免疫增强剂（维生素 C、左旋咪唑、莫能菌素），维生素 A、维生素 E 与微量元素等。

隐性子宫内膜炎，在发情期间治疗，用生理盐水冲洗子宫，授精后注入抗生素。或采用全身抗生素疗法。

（四）预防

（1）加强饲养管理，提高机体抵抗力，防止矿物质、维生素及微量元素的缺乏。

（2）在人工授精前，对输精针、注射器、输精员手臂、母牛外阴等必须严格消毒，严格遵守人工授精操作规程。输精时做到仔细准确、方法得当、动作轻柔，避免造成子宫、子宫颈等不必要的损伤。

（3）在治疗胎衣不下、子宫脱出、宫颈炎等生殖器官疾病时，要遵循速诊速治的原则，尽快治愈，防止诱发本病，同时做好外阴的消毒和病牛的护理。产后12 h 内胎衣不下者应及时进行手术剥离，术后用抗菌消炎药物灌注子宫，防止细菌感染诱发本病。

（4）人工和器械助产时，切忌动作粗暴、用力过猛，应本着保全原则，耐心、细致助产，尽量避免对子宫、产道造成损伤。做好环境卫生与消毒工作。

（5）科学防治胎衣不下与流产。产后子宫腔内放入栓剂，注射缩宫素与钙剂。

五、母牛不发情

在肉牛生产中，不发情较常见。主要是母牛受各种因素的影响，卵巢机能受到扰乱，卵泡发育受阻，性周期停止。它使母牛不能及时配种，怀孕率下降，进而降低母牛繁殖率，延长产犊间隔。养殖户发现14月龄以上的后备牛不见发情症状和母牛产后60d不发情，应及时让兽医人员进行分析和生殖检查，并从改善饲养管理和应用生殖激素着手，恢复其性周期。

（一）病因

（1）营养因素：饲草料品质不良、营养不全，常造成营养成分缺乏。饲喂量不足，营养负平衡，常导致母牛消瘦。

（2）饲养管理：由于长期舍饲养殖，光照减少，母牛运动不足，易发生不孕疾病。

（3）健康因素：母牛患有代谢病、生殖系统疾病，导致体质下降或内分泌和神经调节机能紊乱。

（二）临床症状

母牛长时间无发情症状，阴户有皱纹，阴道壁、阴唇内膜苍白、干涩，母牛安静。有些母牛消瘦，被毛粗糙无光泽；有些母牛体况较好，毛色有光泽。

（1）后备母牛达到性成熟年龄时，没有发情周期出现；或达到性成熟年龄后发情1~2次，以后长时期不再发情。

（2）母牛分娩后长期不见发情表现，或分娩后发情1~2次，以后长时期不再发情。

（三）诊断

造成母牛不发情的卵巢疾病包括卵巢发育不全、卵巢静止、卵巢萎缩、持久黄体、黄体囊肿和急性卵巢炎等。

1. 卵巢发育不全

后备牛在性成熟之前，由于饲养管理不当，营养不足，往往初情期甚至体成熟以后不见发情，直肠检查发现卵巢体积特别小（如玉米料状）且往往伴有子宫发育不良，如子宫颈细小、子宫角细小等。

2. 卵巢静止

直肠检查发现卵巢无卵泡和黄体，卵巢大小和质地正常，有时不规则，多伴有黄体痕迹。相隔7~10 d，再做直肠检查，仍无变化。

3. 卵巢萎缩

直肠检查发现卵巢缩小，仅似大豆及豌豆大小，卵巢上无卵泡和黄体，质地较硬，子宫收缩微弱、弛缓。

4. 持久黄体

在确诊未妊娠的情况下，如果母牛经过一定间隔（10~14 d）检查，在卵巢的同一部位摸到同样显著突出的黄体，便为持久黄体。持久黄体质地一般比较硬。

5. 黄体囊肿

直肠检查发现一侧卵巢体积增大，多为一个囊肿，直径较大（2.5 cm以上），但壁较厚，弹性弱。

（四）治疗

1. 卵巢发育不全

加强饲养管理，同时可用 GnRH+PG 治疗，也可用 GnRH+P4（2.5~5 mL）+PG 3种药物联合治疗。对伴有先天性子宫发育不全的建议淘汰。

2. 卵巢静止及萎缩

改善饲养管理条件，消除致病因素，以促进肉牛体况的恢复。同时结合激素疗法，建议采取以下治疗方案进行治疗：（1）孕马血清促性腺激素（PMSG）1 000 IU+ 绒毛膜促性腺激素（HCG）2 000 IU；（2）孕马血清促性腺激素（PMSG）1 000 IU+ 促性腺激素释放激素（GnRH）100 μg；（3）促卵泡生成激素（FSH）100~200 IU+ 促黄体生成素（LH）100 IU。经激素处理后，10 d 以内发情，不宜配种，应等下一发情期再配。激素处理后，未见发情牛，应在激素处理后10 d 左右再检查，若有黄体，表示有效；反之则无效，应继续治疗。

3. 持久黄体

氯前列烯醇肌肉注射0.4~0.6mg，用药后2~3d开始发情。不伴有子宫疾患时即可配种，若伴子宫内膜炎，应予治疗。

4. 黄体囊肿

氯前列烯醇一次肌肉注射，一般经治疗后，预后良好，3~4d发情。部分牛治疗无效，可用绒毛膜促性腺激素（HCG）1.5万IU+地塞米松15mg肌肉注射。

（五）预防

科学饲养，改善日粮结构，增加优质粗纤维供应，预防代谢疾病发生，加强管理，确保牛健康，子宫疾患及时治疗。

第七节　普通病的诊治

一、感冒

（一）病因

肉牛在久卧凉地、贼风侵袭、寒夜露宿、冷雨浇淋等情况下，极易出现感冒现象，同时，若室内外温差较大，也容易引发该病。

（二）临床症状

鼻流清涕或脓汁，体温升高不明显，属上呼吸道症状。冬季天气寒冷，气候多变，牛机体受凉后抵抗力降低，容易发病。病牛体温升高，流清涕，吃草反刍减少，耳鼻发凉毛竖立，浑身发抖，口流黏液，舌面发白，呼吸加快。

（三）治疗方法

（1）生姜200g、大葱250g、茅草根200g，水煎汁，1次灌服。

（2）30%安乃近30mL，肌肉注射，每天1次，连用3d。

（3）青霉素200万IU，百尔定40mL，肌肉注射，每天1次，连用3d。

（4）防风60g、荆芥50g、薄荷50g、紫苏50g、生石膏40g、生姜50g、大葱100g，水煎灌服，每天1剂，连用3d，效果良好。

（5）用氟苯尼考注射液主治，柴胡注射液辅治。

（四）预防措施

可让牛多食用一些易于消化的饲料，注意休息，多饮水，增强抗病能力；尽量避免让牛遭受冷风、暴雨的侵袭，做好牛棚的保温工作，强化耐寒训练。

二、腹泻

（一）消化不良性腹泻

犊牛消化不良，多发生在犊牛哺乳期，这种病主要特征是腹泻。

1. 病因

在犊牛哺乳期间，吮吸乳汁过量、受凉等因素造成消化不良性腹泻。

2. 症状

犊牛体温正常，精神不振，喜卧，站立时间短，腹泻，先是排粥样状暗绿色粪便，逐渐演变成水样黄色粪便，粪便中会有腐败气味，混合有凝乳状块，严重时出现脱水症状，皮肤干燥，眼球凹陷，站立不稳，全身战栗。

3. 治疗方法

方法1：犊牛口服磺胺脒片，同时口服活性炭，或者口服犊牛止痢宝1~6片，犊牛血痢出现后，再用链霉素10支＋乙酰甲喹1~2支，混合给犊牛一次喂服，犊牛稍大的可以增加剂量，一日2次即可。

方法2：灌服干酵母片、健胃消食片等帮助消化的药物，联合雷尼替丁或奥美拉唑效果更佳。

方法3：用温水将甜醅曲溶解，每天1包，连用3d。

4. 预防措施

对犊牛实施"早期断奶、隔栏补饲"技术，同时给犊牛床加厚垫料，犊牛圈舍防风防雨，以防受凉。在治疗期间适当地停止饲喂牛奶，而饲喂富含电解质的代乳品直至粪便变硬，给拉稀的母牛灌服中药大瓜蒌散250 g，防止哺乳母牛的乳汁出现酸乳症。

（二）细菌性腹泻

1. 病因

圈舍环境太差，造成大肠杆菌和沙门氏菌大量繁殖，感染犊牛。或犊牛抵抗力下降，体内细菌大量繁殖引发本病。

2. 临床症状

大肠杆菌引起的腹泻以肠炎或败血症为主要特征。感染败血性大肠杆菌，病畜沉郁，无力，心动过速，眼窝下陷，吮吸反射降低或消失，黏膜充血，腹泻，常死于内毒素血病和败血症。感染产肠毒素性大肠杆菌，病畜出现水样腹泻，脱水，肌无力，休克昏迷。沙门氏菌引起的腹泻以败血症、胃肠炎及其他组织的炎症为主要特征。病畜常突然发病，体温升高至40 ℃以上，沉郁，食欲废绝，拉稀，呈水样，恶臭，常带有血液或纤维素块。脱水，消瘦，迅速衰竭，常于3~5 d内死亡。病程长者，腕、跗关节肿大。

3. 治疗方法

抗生素（如庆大霉素、头孢噻呋钠、氨苄西林、阿莫西林等），按疗程使用；抗炎（氟尼辛葡甲胺或美洛昔康，联用雷尼替丁或奥美拉唑）。尽早配合碳酸氢钠或氯化钾静脉输液治疗，能够大大提高治愈率。

中药治疗推荐使用苍朴口服液（主要成分：苍术、厚朴、黄连等。功能与主治：温中健脾、涩肠止泻。主治虚寒型犊牛腹泻，症见耳鼻俱凉，毛焦肷吊，口色淡白，肠鸣腹泻，粪稀色白。用法与用量：口服，一次量为100 mL，每日2次，连用2~4 d）。

4. 预防措施

加强护理，新生犊牛尽早喂初乳。母牛哺乳期间，圈舍必须干燥干净，防止大量细菌繁殖，污染母牛乳房及乳头。对犊牛注意保温。

（三）牛病毒性腹泻／黏膜病

1. 病因

由牛病毒性腹泻病毒引起，以黏膜发炎、糜烂、坏死和腹泻为特征。

2. 临床症状

潜伏期7~10d。急性感染者，突然出现体温升高，精神沉郁，呼吸急促，口腔黏膜糜烂，大量流涎；2~4d后开始出现水样腹泻，恶臭，含有黏液或血液。慢性感染者，出现间歇性腹泻，里急后重，粪便中带有大量黏膜样物质。一般无发热，常见鼻镜糜烂，齿龈红肿，指（趾）间糜烂、坏死等。

3. 治疗方法

病毒性疾病，发现病情，应及时隔离治疗，但无特效治疗方法。首先应停止喂乳，改用葡萄糖生理盐水，自由饮水，口服白头翁散或黄白双花口服液（主要成分：黄连、白头翁、金银花等。功能与主治：清热，燥湿，涩肠，止痢。 主治湿热型犊牛腹泻。症见犊牛精神倦怠，鼻镜干燥，口色赤红，努责弓腰，频排稀糊状粪便，便呈红色或黑色，腥臭难闻。 用法与用量：犊牛一次量为100mL，一日2次，连用2d）。其次应对症治疗，如应用收敛止泻药物、抗生素、抗炎药，同时配合静脉输液，及时补充液体和纠正体液酸碱平衡。

4. 预防措施

病毒病，重在预防，在进牛时，防止引进病牛，定期消毒，做好环境卫生。受威胁的牛群，注射疫苗。免疫接种母牛，可减少犊牛发病。坚持自繁自养，不从疫病区购牛。

三、呼吸道感染

（一）病因

气候巨变、长途运输、圈舍通风不良等因素造成肉牛呼吸道感染。

（二）临床症状

牛感染后不久（数天至十余天）即发病。表现为发热、咳嗽、流鼻涕，犊牛和体质弱的牛发病严重，有的继发关节炎、腹泻、结膜炎、角膜炎。发病率为50%~100%，病死率高达10%~50%。

（三）治疗方法

（1）根据病原选择合适的药物。喹诺酮类药物有环丙沙星、氧氟沙星；泰乐菌素类抗菌药物有泰乐菌素、替米考星；四环素类抗菌药物有四环素、多西环素；泰妙菌素类抗菌药物有支原净、沃尼妙林。

（2）严重者对症治疗：用维生素C、维生素B_1、维生素E，需退热、平喘止咳用氨茶碱。

（3）推荐治疗用药方案：阿奇霉素1g，阿米卡星1g，恩丙茶碱1.25g，地塞米松15mg，静脉输液。

（四）预防措施

加强防寒保暖措施，增强运动。防止引进病牛，定期消毒，做好环境卫生。

四、前胃弛缓／迟缓

前胃弛缓是由各种病因导致前胃神经兴奋性降低，蠕动速度变慢，肌肉收缩力减弱，瘤胃内容物运转缓慢，微生物区系失调，产生大量发酵和腐败的物质，导致机体组织器官的功能紊乱。它是一种症状，不是一种独立的疾病。

（一）病因

原发性前胃弛缓主要是由饲养管理不当造成的，如精饲料过多、粗饲料质量差或发霉变质、日粮搭配不合理、矿物质和微量元素缺乏等。此外，误食塑料袋、麻绳、化纤布等也可引发该病。该病也可继发于齿病、创伤性网胃腹膜炎、迷走神经损伤、真胃变位与阻塞、瓣胃阻塞、酮病、乳腺炎、子宫内膜炎、牛流行热、结核病、布鲁氏菌病、前后盘吸虫病等疾病。

（二）临床症状

病初食欲下降，反刍次数减少，瘤胃蠕动音减弱、持续时间短，粪便变化不明显。随病情发展，粪便干，被覆黏液，继发前胃炎或酸中毒时病情急剧恶化，食欲废绝，反刍停止，粪便呈煤焦油样且恶臭；鼻镜干燥，眼窝下陷，结膜发绀，脉搏加快，呼吸困难。慢性病例，病畜食欲时好时坏，反刍不规则，日渐消瘦，毛焦体燥，胃肠蠕动减弱，无力而短促，粪便干燥且带有黏液，有时呈糊状，腥臭。

（三）治疗方法

根据病史，查找发病原因。清理胃肠道毒物，促进胃肠道机能恢复，可口服液状石蜡油、硫酸钠、苦味酊、姜酊、陈皮酊等。同进静脉输注促反刍液，10% 氯化钙、10% 氯化钠、20% 安钠咖、10% 葡萄糖；也可应用胃复安、新斯的明、维生素 B_1。精饲料饲喂过多的可洗胃，对症治疗，治疗原发病。

（四）预防措施

加强饲养管理，制定合理日粮配方，不要饲喂发霉变质饲料，加强运动，增强体质。

五、瘤胃酸中毒 / 精饲料中毒

瘤胃酸中毒是牛、羊采食大量谷类或其他富含碳水化合物的饲料后，导致瘤胃内产生大量乳酸而引起的一种急性代谢性酸中毒。

（一）病因

该病多见于舍饲牛、羊，畜主过多饲喂精饲料或精饲料与粗饲料混合不均；管理不当，牛、羊偷食过量谷物，如玉米、小麦、高粱等，特别是粉碎后的谷物，易经瘤胃发酵，产生大量乳酸。急性病例，常在采食谷类饲料后 2~5 h 内突然沉郁、昏迷、死亡。

（二）临床症状

轻症病畜，食欲下降，反刍减少，瘤胃蠕动减弱，粪便松软或腹泻，如能改善饮食，常在数天后自行康复。中症病畜，精神沉郁，食欲废绝，鼻镜干燥，眼窝下陷，反刍停止，空嚼，流涎，粪便多呈水样，酸臭；随病情发展，体温升高，呼吸急促，达50次/min以上；脉搏加快，达80~100次/min；瘤胃蠕动减弱或消失，瘤胃液pH值降低（5~6），纤毛虫明显减少或消失。重症病畜，步态蹒跚，反应迟钝，对外界的刺激反应降低；随病情发展，后肢麻痹、瘫痪、卧地不起；角弓反张，昏迷死亡。

（三）治疗方法

重症病畜要及时实施瘤胃切开术，取出谷物，用温水或3%碳酸氢钠水冲洗瘤胃，清理完毕，向瘤胃内放置适量优质干草及正常瘤胃内容物。对于轻症和中症病畜，及时洗胃，可用1%~3%碳酸氢钠水反复洗胃，直至胃液变碱性为止；在冲洗完毕后投放碱性药物，如碳酸氢钠或氧化镁（300~500 g）。应及时补液，调节酸碱平衡。5%葡萄糖氯化钠、10%氯化钾、20%安钠咖注射液静脉注射；补充适量钙剂，调节酸碱平衡。在治疗期间，最初18~24 h限制饮水量。在恢复阶段，喂以优质干草，不投喂谷物或精饲料，康复后再逐渐加入谷物和配合饲料。

（四）预防措施

该病的预防重在日粮的配比，对肉牛按不同用途采用不同配方科学饲喂，不可随意添加精饲料；加强饲养管理，防止偷食精饲料。

六、腐蹄病

腐蹄病又名指（趾）间蜂窝织炎，是指（趾）间皮肤及其下软组织的炎症，临床以皮肤裂开、坏死和跛行为特征。

（一）病因

坏死杆菌是本病的主要致病菌。指（趾）间隙由于异物如石子、瓦片等造成挫伤或刺伤，或由于粪尿、稀泥长期浸渍，指（趾）间皮肤的抵抗力降低，微生物从指（趾）间侵入，造成感染。

（二）临产症状

初期，一肢或多肢轻度跛行，系骨和球节屈曲，患肢以蹄尖负重，约75%的病例发生在后肢；18~36 h之后，指（趾）间隙和蹄冠出现肿胀，皮肤上有小裂口，有难闻的恶臭气味，形成伪膜；36~72 h后，病变可变得更显著，指（趾）部和球节部可出现肿胀，疼痛剧烈；体温升高，食欲和泌乳量减退。再过一两天后，指（趾）间组织可完全剥脱，某些病例坏死可持续发展到深部组织，甚至造成蹄匣脱落。

（三）治疗方法

在干燥环境治疗病畜，全身应用抗生素，蹄部用防腐液（2%甲酚皂溶液/来苏儿、2%高锰酸钾溶液）清洗后，去除游离的指（趾）间组织，创内放置抗生素油膏（环丙沙星等喹诺酮类或呋喃西林油膏），绷带环绕两指（趾）包扎，不要缠绕在指（趾）间，避免影响引流。口服硫酸锌或氧化锌，按每公斤体重1 mg用量使用。

（四）预防措施

保持环境干燥，定期用硫酸铜做蹄浴，补饲钙、磷、硫、锰、锌、碘、铜、铁等矿物质与微量元素。

七、坏死性蹄皮炎/蹄糜烂

坏死性蹄皮炎指蹄球部与底部交接部位局部出现角质慢性坏死和化脓，以后角质坏死，最后脱落，病变部位长出肉芽组织。多发于后肢，内侧指（趾）比外侧指（趾）多发。

（一）病因

养殖场内卫生差是主要原因。牛、羊长期站立在污泥或潮湿的褥草上容易引发本病，常与指（趾）间皮炎、蜂窝织炎同时发生。地面有硬物、修蹄不及时，也促使发病。

（二）临床症状

蹄糜烂初期一般不引起跛行，随着病情发展，走动困难，深部组织感染化脓后出现跛行，蹄底、球部或轴侧沟出现深色小洞，有时小洞联合在一起形成大洞，也可向深层发展形成沟。

（三）治疗方法

彻底清洁蹄部，削除不正常的角质，应用5%碘酊消毒，松馏油或其他防腐剂油膏（硫酸铜、高锰酸钾）防腐。用15%硫酸铜定期做蹄浴，治疗并发症。患肢健侧指垫高负重，有益于患侧指愈合。

（四）预防措施

保持环境干燥，定期用硫酸铜做蹄浴，补饲钙、磷、硫、锰、锌、碘、铜、铁等矿物质与微量元素。

第九章　不同季节肉牛养殖要点

春季的温湿度比较适宜，是牛春配、春防、春治、春管的关键时期。同时春季气温多变，早、中、晚温差较大，所以也是疾病流行的高发季节。根据历年来养牛企业和养牛户上报发病率及死亡率数据统计，2~4月份，牛的发病率和死亡率占全年的50%。只要有针对性地加强牛的饲养管理，是完全可以控制和避免这种现象发生的，所以春季养牛要注意以下八点。

（一）采用舍饲育肥

春季气候多变，而舍饲育肥环境相对稳定，受气候影响较小，尤其是对哺乳母牛更适宜。春季舍饲育肥一般每日喂2次，夜间可适当补喂青绿饲料，让牛自由采食。

（二）抓春膘，增强牛的体质

春天虽然百草返青，是抓春膘的好时机，但由于春天杂草丛生，树木刚萌新芽，含有不同程度的有毒成分，若采食青草过量，有时会发生植物中毒或青草胀，部分牛可能会发生瘤胃膨气和瘤胃积食。因此，放牧前15d应对牛进行调理，在放牧前应先喂半饱的干草和适量的水，待牛的胃肠功能逐渐适应青草的消化特点后再转入全天放牧。另外，要保证每天每头牛补喂50g左右的食盐水。一般对牛的饲喂顺序是：先饮水，后喂草，再加点精饲料,如麦麸、玉米、米糠等,待牛吃半饱后,休息片刻再放牧。这样不仅利于牛的消化功能,也利于牛的催肥健壮。

(三)保证草料品质

春季饲喂草料时,上年贮存的草料有可能还没有吃完,由于贮存时间较长,稻草可能会经风吹、雨淋、日晒,发生霉烂变质现象,牛食用后易引起急、慢性霉菌中毒,使胃肠产生炎症及机能紊乱。因此,春季喂牛务必注意草料品质,露天的稻草必须翻晒或除霉后再喂牛,也可在稻草上洒盐水。

(四)供给充足清洁的饮水

喂饱牛以后,要给其提供充足的饮水,饮水要清洁,最好是自来水或井水,不可让牛饮用污水、废水或泥塘水。

(五)保持牛舍清洁干燥

要天天打扫牛舍,注意勤换垫草,保持舍内干燥,使牛舍的相对湿度不高于85%。牛舍内不要积存粪尿,以防氨气过浓,影响牛的健康。在天气晴好的中午打开门窗通风透气,保持舍内空气新鲜。

(六)对牛合理分群

不同种类的牛所需的营养也不尽相同,所以,应对不同年龄、体重的牛,区别供给饲料。将牛按性别、年龄、体重予以分群,这样可以统一饲养标准,统一饲喂量,统一出栏,有利于管理,是规模化养牛必须采取的措施。

(七)抓卫生,注意保暖防寒

要勤除粪便,勤换垫草,保持牛栏干燥,并不定期地用消毒水或石灰对牛栏进行消毒。牛放牧出栏后,应将门窗打开通风换气并日晒,排出栏内氨气、湿气,避免有害气体侵害。同时做好防寒保暖工作,防止倒春寒。

(八)让牛做适量的运动

不同种类的牛应分别做不同的运动,如对种公牛采取"转圈式"的强制运动,每天2h,分上午、下午2次进行;让母牛和青年育肥牛在运动场内自由活动。但育肥成年架子牛为求效益最大化，就应限制其运动，使其在较短的育肥期内尽快增重。限制架子牛运动的方法有2种：一是将牛拴住，使之无法运动；二是密集饲养，每头牛只给予3 m²的场地，使其活动受到限制。

第二节 夏季肉牛养殖饲养管理要点

夏季天气酷热，牛为了抗热，极易掉膘，而且高温高湿的环境容易给肉牛生产造成诸多不良影响，如热应激、采食量减少、增重减慢等。因此，夏季养牛应注意以下五点。

（一）避免日光暴晒

将肉牛养在牛舍内、凉棚下、树荫下，同时要确保牛舍通风、降温，当然散养户也需要根据自身情况选择不同的饲养方法，但是一定不能让肉牛长时间在太阳下暴晒。

（二）加强肉牛养殖舍内的通风和对流

在养殖舍内安装风扇，加强机械通风和空气的对流，这样可以尽可能多地带走肉牛身上的热量，有利于减少热应激。

（三）美化环境

养殖户可以在肉牛养殖场内种植一些植物，这样不但可以美化环境，还可以净化养殖场空气。

（四）掌握饲喂时间

在清晨和傍晚凉爽时喂料（此时饲喂最能增进饲料采食量），尽量避开正午高温时段饲喂，做到早上早喂，晚上多喂，夜间不断料。喂料时间应循序渐进，随着温度的变化逐渐调整，不能突然改变。

（五）注意牛体和环境卫生

要经常打扫牛舍，清除粪便，通风换气，定期用清水冲洗牛床，按时用清水冲洗和刷拭牛体、后躯等不洁部位，减少热应激。冲洗牛体时，应安排在饲喂前，喂后30 min内不能冲洗，更不能用水突然冲洗牛头部，以防牛头部血管强烈收缩而休克。牛舍四周加纱门、纱窗，以防蚊蝇叮咬牛体，也可以用1%敌百虫药液喷洒牛舍及周围，杀灭蚊蝇等害虫，以阻断传染病通过蚊虫传播的途径。

当然，夏季进行肉牛养殖，最主要的是注意营养均衡，可为不同阶段的牛提供不同的营养，这样更有利于肉牛的生长。

第三节　秋季肉牛养殖饲养管理要点

随着秋季的到来，肉牛养殖进入关键季节。秋季饲草料充足，气温适宜，是肉牛育肥的大好时机，养殖户要加强饲养管理，提高肉牛育肥效果。

（一）备足饲料

进入秋季，肉牛养殖方式逐渐由放牧转为舍饲，因此要储备充足的饲料。饲料储备分粗饲料储备和精饲料储备两方面。粗饲料储备方面，建议养殖户将牧草、玉米、稻草秸秆和青贮、微贮、氨化等技术充分结合生产粗饲料。精饲料的储备包括能量饲料和蛋白质饲料的储备。能量饲料以玉米为主。蛋白质饲料可以用价格相对较低的菜籽饼和棉粕代替豆粕。此外，还要储备一些饲料添加剂，如舔砖、复合维生素等，以补充饲料营养成分的不足。同时要高度重视饲料的保管工作，防止饲料发霉、变质、腐化，做好饲料间的安全灭鼠工作，饲料调配要充分考虑饲料的适口性和利用率。

（二）控制饲料酸度

青贮饲料等发酵饲料制成之后的pH值一般在5左右，发酵过程中还会生成乙酸和乳酸，这样就会使得青贮饲料的酸度过高。酸度过高的青贮饲料不但适口性降低，而且对牲畜的牙齿、胃肠有腐蚀性和刺激性，不利于食用。加适量的尿素，不但能解决青贮饲料酸度过高的问题，而且能提高青贮饲料中的蛋白质含量。酒糟等发酵产品酸度也较高，如果用这些饲料长期育肥肉牛，就会对牛的体质产生影响，牛会出现毛焦、皮紧等不良症状，育肥效果也不理想，同时对牛肉品质影响也很大。在此情况下，可以在精饲料中添加一定量的小苏打进行中和饲喂。在实际饲养工作中，要根据饲料具体情况调整饲养方式，保障肉牛健康。

（三）加强牛舍管理

肉牛在气温0~4℃时生长发育速度不受影响，但是目前许多牛场过分重视牛舍的保温，使牛舍温度过高。当牛舍湿度超过70%时，牛的生长发育速度就会下降，因此秋季饲养要充分考虑牛舍通风情况。另外，要保证肉牛有充足的光照，可在晴朗的天气将牛牵出舍外进行自然光照。秋冬季节，牛进入全饲阶段，牛群饲养密度加大，疫病传播危险性增加，通风可以在一定程度上降低牛的发病概率。秋季干燥，水分蒸发量大，舍饲时要注意清洁饮水的补给。养殖户要在晴好天气做好牛舍的修缮工作，确保牛舍能保持良好的通风、保暖性能，同时要及时关注天气情况，根据天气情况合理调整牛舍的通风和保暖工作。

（四）做好秋季驱虫工作

驱虫药物和方法主要有：左旋咪唑每公斤体重8mg，拌入饲料喂服、饮水内服或溶水灌服1次；二是枸橼酸哌嗪每公斤体重0.2g，饮水内服1次。

第四节　冬季肉牛养殖饲养管理要点

冬季气候寒冷，如果饲养不当，牛生长减慢，甚至掉膘。因此，必须加强饲养管理。

（一）秸秆巧处理

冬季饲草单一、营养缺乏，容易导致牛掉膘消瘦。如果对秸秆进行氨化处理，牛就爱吃。做法是：把麦草、稻草等铡成2~3cm长的短节，每100kg碎麦草或碎稻草加4kg尿素。具体操作时，先用40kg水把尿素充分溶解，然后搅拌在碎麦草、碎稻草内，搅匀后装入大缸或水泥池，压实、封严，进行氨化，1个月后可开缸饲喂。氨化过的饲草绵软，芳香，易消化。

（二）添加微量元素

牛正常生长发育需要的钙、磷含量分别为饲料的0.4%、0.3%。如果出现钙不足，对单纯喂粗饲料的牛，每天需补钙10g、磷5g、食盐30~50g，并添加适量的复合微量元素添加剂。

（三）饮水加温

冬天应给牛饮25℃左右的温水，还要在温水中加点食盐和豆末，牛爱饮这种水，且可降火、消炎。

（四）补料保膘

可将玉米40%、黄豆20%、碎料10%、大麦10%、豆饼10%、糠麸10%，用温水浸泡后磨浆给牛补喂，每天喂混合精饲料0.5~2kg。

（五）注重环境和牛体卫生

舍内粪便要勤清扫，勤垫干碎草、土，保持牛舍干燥卫生，防止牛蹄患病。每天把牛牵到室外晒太阳，用刮子或刷子刷拭牛体，以促进牛体血液循环，防止牛疥癣病的发生。

第十章　常用畜禽粪污资源化利用技术

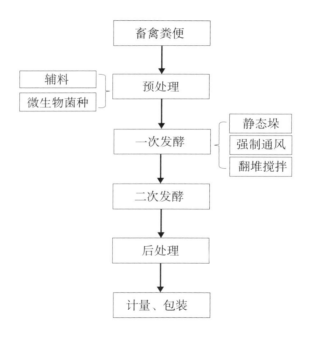

图10-1　好氧堆肥技术模式流程图

一、条垛式堆肥工艺

图10-2　条垛式堆肥机

优点：该技术简便易操作，基础设施投资少，堆肥条垛长度可调节。

缺点：堆肥高度不超过1.2 m，占地面积大，堆肥发酵周期长，臭气不易控制，产品质量不稳定。

二、槽式堆肥工艺

图10-3　槽式堆肥场

优点：发酵周期短，粪便处理量大；堆肥场地一般建设在大棚内，臭气可收集处理；产品质量稳定。

缺点：机械投资和运营成本较高，操作相对复杂，由于设备与粪污长时间接触，易损件比较多，需要定期检查和维修，技术要求相对较高。

第二节　干清粪处理还田模式

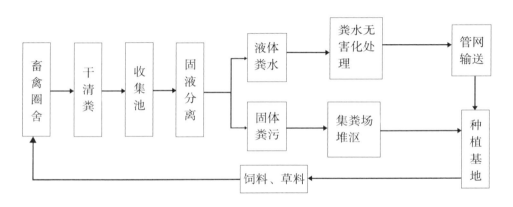

图10-4　干清粪处理还田模式流程图

干清粪处理还田模式下粪便需有足够的堆沤空间，有足够的消纳农田。粪污收集、贮存、处理设施建设成本低，处理利用费用也较低，粪便和尿液分流，分别收集，处理工艺简单，适用于中小型养殖场（小区）和自有饲草料基地或周边有足够的田地来消纳的养殖场（小区）。

第三节　粪污全量收集处理还田模式

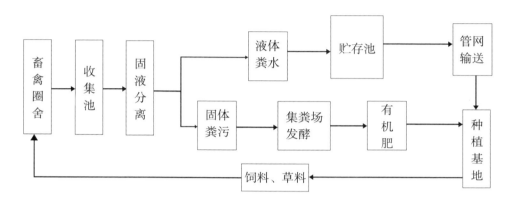

图10-5　粪污全量收集处理还田模式流程图

粪污全量收集处理还田模式是对养殖场（小区）畜禽产生的粪便、尿液和污水混合收集，全部汇入贮存设施，贮存设施口可以敞开，也可以封闭，进行降解处理，在施肥季节作为农家肥利用。该模式适用于猪场（小区）和奶牛场（小区），粪污固形物含量小于15%。

第四节 固体粪便好氧堆沤处理还田模式

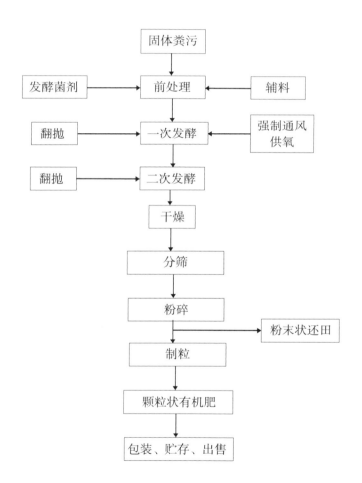

图10-6 固体粪便好氧堆沤处理还田模式流程图

固体粪便好氧堆沤处理还田模式下粪污发酵期间温度较高，无害化处理效果比较理想，相对于厌氧处理大大缩短了发酵时间，辅料的添加也提高了熟粪的肥效。好氧堆沤不易产生大量的臭味物质。该模式主要适用于将肉牛、肉羊、生猪、家禽规模化养殖场（小区）或养殖密集区及养牛大户粪污生产加工成农家肥、有机肥，供给周边牧草种植基地、果树种植基地和蔬菜种植基地。家禽粪便生产的肥由于钠盐含量比较高，容易导致土壤盐化，一般不用于大棚蔬菜种植。

第五节　肥水利用技术模式

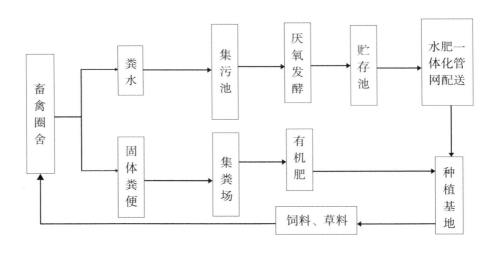

图10-7　肥水利用技术模式流程图

肥水利用技术模式是生猪和奶牛养殖场（小区）产生的粪水厌氧发酵或氧化塘储存处理后，利用管网在附近的种植基地施肥和灌溉期时，可将肥水与灌溉用水按照一定的比例混合，进行水肥一体化利用，固体粪便进行堆肥发酵就近使用，或生产有机肥，或集中处理。粪水经过厌氧发酵或多级氧化塘处理后，成为可为农田提供肥源的肥水，是解决粪水处理的有效途径。要建贮存设施，配套相应的农田和肥水输送管网或肥水运输车辆。

第六节　粪便垫料回用技术模式

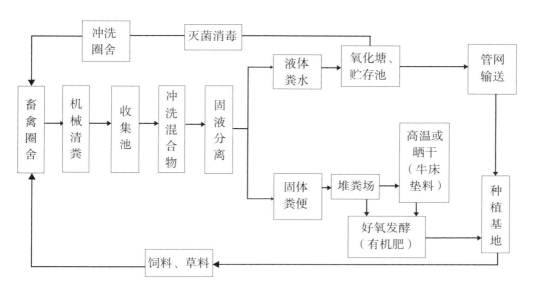

图10-8　粪便垫料回用技术模式流程图

粪便垫料回用技术模式是基于牛粪便纤维素含量高、质地松软的特点，将牛粪污固液分离后，干粪经过高温杀菌发酵好后晒干作为牛床垫料。

有机肥的生产工艺流程如下（以宁夏正荣有机肥科技有限公司为例）。

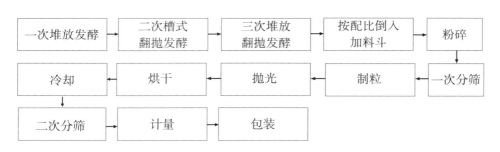

图10-9　有机肥生产工艺流程图

图10-10　槽式发酵

图10-11　加料斗

图10-12　粉碎

图10-13　分筛

图10-14　制粒和抛光

图10-15　烘干

图10-16　冷却

图10-17　计量、包装

第十一章　新设备的应用

第一节　兽用 B 超仪的应用

一、使用方法

（一）探查部位的选择

妊娠早期母牛的子宫位于盆腔入口前后，最佳的探查部位选择离子宫较近的阴道或直肠。妊娠中期、后期，当子宫下垂到接近腹壁时，可以在侧下腹壁进行探查。

（二）探查方法

母牛取自然站立姿势保定于牛床上或柱栏内，如同进行直肠触诊和直肠把握输精一样，一人即可操作，不需特殊保定。必要时助手在旁固定尾巴。

图11-1　兽用 B 超仪的临床应用

二、功能

（1）检测怀孕、胎仔数。

（2）检测猪、牛、犬、马、猫、山羊、骆驼、绵羊的孕周和预产期、心率、胎重。

（3）检测猪背膘厚度。

（4）检测产科疾病（包括子宫内膜炎、子宫蓄脓、卵巢囊肿等）。

第二节　牛可视输精枪的应用

一、功能

可视输精枪的应用，告别了直肠把握的传统输精方式，不用掏粪；可轻松穿过牛子宫颈，实现子宫内输精，提高受孕成功率。

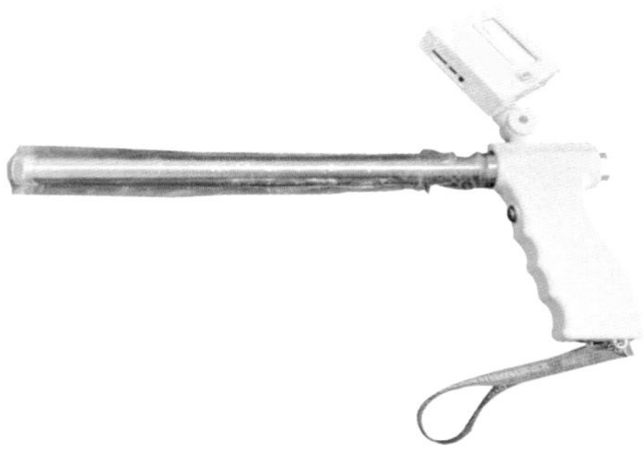

图11-2　可视输精枪

二、与传统输精的区别

（一）传统输精

（1）普通输精枪很难通过子宫颈的褶皱，需要直肠把握输精，具体做法是手握子宫颈，并把子宫颈拉直，然后凭借手感通过子宫颈褶皱，完成子宫内输精。

（2）直肠把握输精不仅卫生环境差，而且很容易造成母牛的紧张和不适，同时易导致直肠炎症，输精的时候还容易使母牛产生子宫痉挛，这时候就需要输精员轻轻按摩子宫颈，使母牛放松。

（二）可视输精枪

（1）牛用可视输精枪显示器可上下120°、左右360°旋转，方便使用，利于周边的人观察，便于教学和试验。

（2）已申请发明专利的输精枪和外套管，完美地解决了传统输精枪无法通过宫颈褶皱的问题。

输精管长度：82 cm。

输精管外套管长度：80 cm。

（3）摄像头探杆前端设计有透明的视角扩张头，便于观察，且黏液不粘连摄像头。

（4）有拍照和摄像功能。

（5）利用内窥镜可检查尿道口、阴道、子宫的各种炎症情况，以便及时用药物治疗。

（6）有震动按摩功能，在输精过程中，如果造成母牛不适，可以打开震动功能。

（7）具有加热、恒温功能，可轻松应对冬天寒冷天气。

第三节　发情排卵测定仪

一、功能

牲畜良好繁育是由母畜最佳配种时间同有效授精的密切结合所决定的。因此，寻找一种准确、简单、实用的排卵检测方法显得尤为重要。科学家

图11-3　发情排卵测定仪

们和动物饲养者发现可以通过测定牲畜阴道黏液电阻值的变化来确定其排卵期。

全自动动物发情排卵测定仪就是根据以上研究结果制造的，因此，我们可以明确地根据仪器所检测的数据变化来判断母畜是否处于发情期、处于发情期的哪个阶段，以及进入排卵期的时间和最佳配种时间。

实践证明，全自动动物发情排卵测定仪适用于猪、牛、羊、马等动物，且适用于正常发情、隐性发情、发情不明显或不确定等任何症状的检测。

二、适用范围

全自动动物发情排卵测定仪适用于猪、牛、羊、马等动物。对一只母畜从发情初期直到配种期的数据进行系统的统计，一张标示出阴道黏液电阻值波动状况的曲线图会自动生成，并且会指示出最佳配种时间。

第十二章　新原料的应用

　　微生态制剂是益生菌、益生元及含有益生菌和益生元的复合菌剂的统称，由于克服了应用抗生素造成的菌群失调和耐药性菌株及药物的副作用等，具有防病、治病、无病保健的优点，已被广大消费者作为绿色饲料添加剂所接受。从理论上讲，它优于抗生素，在进入畜禽肠道后，与其中的大量正常菌群会合，显现出共生、栖生、竞争或吞噬等复杂关系。

一、作用机理

　　（1）通过有益微生物调整与保持肠道微生态的平衡来保持动物机体的健康状态。

　　（2）生物夺氧，易于厌氧菌繁殖。

　　（3）争夺肠黏膜上皮细胞上的生态位点，从而抑制病原微生物的生长繁殖。

　　（4）有益微生态制剂在体内可产生各种消化酶，从而提高饲料转化率。

　　（5）有益微生物尤其是乳酸菌进入动物肠道后产生乳酸，芽孢杆菌进入动物肠道能够产生乙酸、丙酸和丁酸等挥发性脂肪酸，降低肠道 pH 值，抑制致病菌的生长，激活酸性蛋白酶活性，对新生反刍动物是有益的。

　　（6）当微生态制剂的益生菌侵入动物肠道后可诱导宿主产生抗体和致敏的免疫活性细胞。

二、在反刍动物中的应用

草食性动物能较好地利用农作物秸秆、草等物料，是因为在其发达的瘤胃或肠中共生有数量庞大、种类繁多、功能独特的微生物（细菌、真菌、原虫等），据测量正常饲喂牛每克盲肠含微生物多达450亿个，而猪每克盲肠含微生物只有10亿个。这些微生物能旺盛分泌分解果胶质、蜡质层、纤维素、半纤维素、蛋白质、淀粉等物质的酶，再加上自身肠胃分泌消化液的作用，使牛、羊能够迅速消化粗纤维，将之转化为能直接吸收利用的单糖、低聚糖、脂肪酸、氨基酸、维生素、合成菌体蛋白等，从而满足牛、羊对能量及各种营养物质的需要。正是借助这种特殊的消化机制，牛、羊等草食性动物可以直接吃草并完全达到供给自身营养的目的。

但随着养殖方式、饲喂方式、饲料组分的改变，牛、羊等草食性动物肠胃中的微生物数量大量减少、区系改变，而其自身消化液的分泌也不能弥补这一方面变化造成的缺陷。所以，物料不能完全地、彻底地被消化、吸收，肠内容物排空时间缩短，无形中出现了浪费饲料的现象。此外，这些富含蛋白质、碳水化合物的原料不能充分、合理、有效利用，还造成大量有害、有毒物质的产生，无益微生物大量增殖，病害多、体质差等现象就会出现。

这些问题需要根据牛自身的情况、养殖方式、饲喂方式、饲料组分等情况着手解决。例如牛胃 pH 值7左右，这大大不同于猪胃 pH 值3左右的情况。在选择微生态制剂种类、数量、各种酶的配伍上就有其特殊性，同时要结合饲料体外预处理的手段加以解决。

要优选适合牛胃肠环境的微生态制剂，使其在饲料配方转化的过程中快速占领胃肠中空出的阵地，形成优势种群，建立微生态平衡，并与病原微生物、无益微生物竞争结合位点，从而有效地保护消化道的绒毛不被破坏，进而保证其消化、吸收功能不降低。消化道后段的细菌，特别是致病菌的过度厌氧发酵产生大量的毒素（如生孢梭菌等分泌的毒素），影响养分的吸收，抑制动物的生长，还可能造成胃肠功能紊乱等。微生态中的微生物在快速增殖过程中会产生多种生物活性酶、生长刺激素，提高饲料利用率；降低粪便中淀粉、蛋白质、磷、氮等物质的排泄量，消除体内有害、有毒物质，减少粪便臭味及有害气体排放，改善饲喂环境，同时保护环境；缓解牛的多种不良应激反应造成的不进食、进食少、生长缓慢的状态，增强动物体质，提高其综合免疫力和抗病能力。因此，使用牛专用微生态制剂，安全高效、无药残、无毒副作用，符合绿色食品生产要求。

第十三章　肉牛产业发展的固原模式助推扶贫工作

产业是发展的根基，也是脱贫的主要依托。固原市委、政府认真贯彻落实中央和宁夏回族自治区决策部署，坚持精准扶贫、精准脱贫基本方略，紧紧围绕实现贫困人口按期脱贫目标，认真实施"3+X"产业发展模式，培育和发展了草畜等县域特色优势产业，探索出"金融＋产业""合作社＋贫困户"等富有固原特色的产业扶贫模式，为当地依托产业脱贫蹚出新路子。

一、以蔡川村为代表的"金融＋产业"助推模式

创新金融扶贫机制，扶持建档立卡贫困户发展产业，有效解决贫困户发展产业缺资金、想贷款无人担保和信贷风险等问题。

原州区蔡川村地处云雾山边缘，素有发展养殖业的优势和传统，该村把扶持发展养殖业作为互助资金使用的重点方向，为216户养殖户提供120万元养殖基本金，借助熟人社会"信用品牌"，撬动银行贷款近2000万元，实现互助资金贷款草畜业经营户全覆盖，推动了村级主导产业发展壮大，真正做到了"好钢用在刀刃上"，使互助资金投向风险小、效益好、见效快的优势产业，老百姓在短期内得到真正的实惠。目前全村280多户在家村民，户户养牛羊，家家种饲草，草畜产业成为增加村民收入的主导产业，户均纯收入2万~3万元。

二、以杨河乡为代表的"两个带头人 + 产业"引领模式

发挥"两个带头人"的作用，通过党员干部率先示范、能人大户带头致富，穷人跟着能人走、能人跟着产业走、产业跟着市场走，一户带多户，多户带全村，实现脱贫致富。

隆德县杨河乡现有"两个带头人"30人，其中党组织带头人5人，致富带头人25人。该村通过采取"2+1"（村党支部、致富带头人 + 贫困户）帮扶行动，充分发挥党组织带头人和致富带头人作用，将党员、致富带头人分布于草畜全产业链条各个环节，带动149户贫困户、76户示范户、7个规模化养殖场、12个合作社发展肉牛养殖业。目前农户户均养殖肉牛10头以上，年养殖人均收入1万元以上。

三、以张堡塬村为代表的"园区（基地）+ 产业"依托模式

农户依托产业园区（基地），一方面通过流转土地、打工增收，另一方面学习掌握实用技术，参与园区（基地）经营或自主经营，实现脱贫致富。

西吉县张堡塬村以宁夏向丰现代生态循环农业示范园为依托，按照"借牛还犊"、托养优质犊牛、借力扶贫的思路，培育发展肉牛、羊养殖户200多户，户均年增收2万 ~3万元。

四、以老庄村为代表的"项目 + 产业"组合模式

按照"渠道不变、投向不乱、集中使用"的原则，整合项目集中投向脱贫销号村，在基础建设、产业培育等方面集中突破，打出"组合拳"效应。

原州区老庄村有贫困户64户231人。实施脱贫攻坚工程以来，该村先后争取整村推进项目资金868.8万元，宁夏计生协会无息贷款50万元，隆德县

财政产业扶持资金96万元，隆德县妇联妇女创业小额贷款300万元，采取"合作社＋园区＋农户"的发展模式，由2名村致富带头人牵头成立2个养殖专业合作社，组织群众利用旧庄点闲置土地，新建200头以上规模化基础母牛养殖示范园区2个，建设标准化肉牛养殖暖棚64栋、青贮池90个，动员周围农户修建标准化牛棚30栋、青贮池40个，对新建标准化暖棚每栋补助5000元，30 m³青贮池每个补助1000元，新购进基础母牛每头补助2000元，引导群众大力发展养殖业，其中44户贫困户有了脱贫产业和致富门路。

五、以红河镇"53211"为代表的区域推进模式

根据当地资源禀赋和产业发展现状，按照贫困户发展意愿，因地制宜布局特色产业，实现区域化、规模化、产业化发展。

彭阳县红河镇结合镇情实际，整合项目资金，统一规划实施，在川道区建成韩堡、友联等5个设施农业示范园区，带动发展设施农业1万亩，在山塬区建成养殖园区20个（200头以上肉牛养殖园区2个）、示范户1000户，新增牛、羊饲养量分别为5000头、2万只；实施劳动力素质提升工程，培育科技示范户200户、创业示范户100户，户均输出劳务工1人，初步形成了"53211"产业增收模式［扶持适合发展养殖的农户每户养牛5头、养羊30只以上，扶持适合发展设施农业的农户每户种植蔬菜2栋日光温棚，适合发展草畜产业的农户每户种植地膜（青贮）玉米20亩以上。同时，通过劳务技能培训，引导每户至少再输出1名掌握一项实用技能的务工人员，实现户均年人均纯收入超过1万元］。

六、以大寨村为代表的"托管代养"模式

针对部分家庭青壮年劳动力外出务工，在农时难以返回从事生产经营的实际，在尊重贫困户意愿的基础上，与养殖企业（合作社、养殖场）、村

委会签订三方协议，养殖企业将贫困户产业扶贫贷款作为股份代购基础母畜，并负责饲草、防疫、销售及清偿贷款利息，返还贫困户部分基础母畜产生的效益。这一模式有效解决了贫困户因病因残因外出无能力发展产业、抗风险能力差等难题。

西吉县沙沟乡大寨村海峰养殖专业合作社集良种繁育、养殖技术培训、寄养托管和党员带动创业致富为一体，主要养殖利木赞、西门塔尔、夏洛莱等良种基础母牛和育肥肉牛。2019年以来，该合作社积极响应全县精准扶贫号召，实行"寄养托管、牧草资源置换"等方式，与43户贫困户签订托管代养协议，实施结对帮扶，每年为每户贫困户返利5 000~10 000元或1头犊牛，走互助共赢的脱贫致富之路。

七、以新洼村为代表的产业跨村培育模式

彭阳县对乡（镇）域内立地条件、资源禀赋、产业基础相近的多个村实施统一规划、集中打造，实现以强带弱、优势互补，打破了地域限制，扩大了产业规模，拉长了产业链条，解决了弱村群众"不想干、不会干、不敢干"的问题，推动了片区共同发展。

彭阳县草庙乡新洼片区涉及张街、新洼、赵洼3个行政村，有贫困户213户780人。该乡采取"1+2+X"（即1名致富带头人跨村联系2户发展户，跨村帮扶 X 个贫困户发展产业）的帮带模式，在鼓励支持致富带头人扩大规模、改造提升产业层次的同时，实行跨村联系2户发展户扩大规模、提升产业，利用1~2年时间，使其发展成为致富户；根据致富带头人发展能力，跨村帮助 X 个贫困户转变观念、发展产业、脱贫致富。同时，依托宁夏万升实业有限责任公司、宁夏兴华康源农牧科技开发有限公司和青铜峡市彩虹养殖专业合作社，将片区内213户贫困户全部吸纳为社员，由致富带头人和合作社实行"四免三统一"（"四免"为免费黄牛改良、免费技术指导、免费疾病预防、免费鸡苗育雏，"三统一"为统一采购原料、统一成本价提供饲料、

统一市场销售）帮助发展。目前，共培育党组织带头人6名，致富带头人15名，跨村联系发展户30户，跨村帮带贫困户213户。

八、以合作社带动养牛致富的"石羊模式"

按照"合作社＋基地＋养殖户"的运作模式，实行合作社总体管理，饲草集中配送，家户分散养殖，统一购牛，统一技术，统一销售，建立融资保障机制，为养殖户提供一体化服务，走科学化饲养、规范化管理、合作化经营、市场化销售的养牛发展之路。

富源肉牛养殖专业合作社位于原州区头营镇石羊村，于2007年12月由退伍军人马万武领衔创办，带领群众养殖肉牛，实现脱贫致富。

为了带动村民通过养牛致富，马万武首先自己养殖肉牛，不断扩大养殖规模，由2007年牛存栏5头发展到现在的70头，由此带动农户加入合作社发展肉牛养殖产业，合作社社员由2007年的5户发展到现在的320户，户均养牛由2007年的1~2头发展到现在的20~30头，户均年养牛收入5万~6万元。合作社采取"统一管理、分散养殖"的方法，形成了特色鲜明、示范带动效应明显的"石羊模式"，为社员提供"五统一"服务，有效解决了社员融资、技术、买卖等养殖瓶颈问题。同时，以合作社带养殖大户、以养殖大户带贫困户，帮助贫困户脱贫致富，已有44户建档立卡贫困户通过养牛实现了脱贫。

参考文献

[1] 华世坚，尹长安，王禹门.实用牧业技术知识[M].宁夏畜牧
    兽医学会.
[2] 赵万余.畜禽粪污资源化利用实用技术[M].银川：阳光出版
    社，2018.

附录1　牧草种植技术

第一节　苜蓿高产栽培技术

一、栽培技术

（一）播种地准备

1. 地块选择

建设优质、高产的紫花苜蓿人工草地，必须选择理想的地块，土层深厚、土壤肥沃、酸碱适中，最好有灌溉设施，以达到苜蓿高产、稳产的目的。大面积建设高产的紫花苜蓿人工草地时，为适合机械播种和收获，应尽可能选择平坦、开阔的土地。

2. 地表杂物清理

主要是清除淘汰林地的树桩和树根，退化草地和荒地的灌木丛、杂草，沙地和耕地表面的石块、塑料膜和作物根茬等。尤其是多年生杂草的根系必须彻底清除，这是保证种植成功的先决条件。前茬杂草较多的地块，应采取措施进行杂草防除，根据情况可采用机械翻耕或旋耕方式，严重时可施用化学除草剂。

3. 基肥施用

施用腐熟的农家肥最好，能改善土壤理化性状和提高土壤肥力。在整地时，每亩可施入农家肥 2 000~3 000 kg，同时施过磷酸钙 20~25 kg，钾肥 8~10 kg。

4. 整地

苜蓿播种前必须精细整地，首先进行深翻，然后耙碎土块，耱平地面，使地表平整、土壤松紧适度，以利于蓄水保墒。

（1）翻耕：在秋季或翌年春季，用机械牵引犁翻耕，深翻30~50 cm。黏重土壤要深翻，粉砂土或沙壤土要浅翻。新开垦的荒地要在上年秋季深翻。如果土壤较疏松，可用旋耕机直接旋耕，同时可实现疏松土壤、切碎土块、打碎残茬、平整地表、消灭杂草和混土肥的作用。

（2）耙地：耙地在翻耕的基础上进行。使用的工具主要有钉齿耙和圆盘耙。如果翻耕的是荒地或草地，需要使用重型圆盘耙；如果要清除过多的草根或根茎，需要使用钉齿耙。耙地的方式有顺耙、横耙和对角耙，多数情况下需要耙2遍，一般采用2种以上的耙地方式。

（3）耱地：耱地在翻耕和耙地后进行，主要作用是平整地面、保墒、压碎土块，使耕作层土壤变紧，松紧适中，有利于播种。

（4）镇压：新翻耕的荒地，土块较大，又需马上种植时，可先进行镇压，镇压能起到保墒、提墒的作用。播种后镇压，可使种子与土壤充分接触，易于种子吸收水分和萌发，并起到保墒的作用，有利于苜蓿出好苗。

（二）播种

1. 播种时间

（1）顶凌播种。顶凌播种适用于上年秋冬季降水量较好、土壤墒情好、春季温度较高的地区，土壤表层4 cm 左右的土层解冻后，可进行顶凌播种。顶凌播种可以抓住墒情保证出苗整齐，同时延长苜蓿的生长时间，增强其抗旱能力，提高其越冬率和产量。顶凌播种属于春播，具体播种时间在 2 月下旬至 3 月上旬。

（2）夏播。夏播适用于冬、春两季降水量少、风沙大且频繁、土壤干旱、无霜期120~160 d 的地区，具体区域在盐池、同心、红寺堡、海原和固原，播种时间在5月上旬至6月上旬。

2. 播种方式

采用机械条播，宁夏引黄灌区，播种行距为12~15cm；宁夏扬黄灌区和南部丘陵区，播种行距为15~20cm。

3. 播种量

宁夏引黄灌区，每亩播种量为1.6~1.8kg；宁夏扬黄灌区和南部丘陵区，每亩播种量为1.2~1.5kg。

4. 播种深度

紫花苜蓿种子较小，播种宜浅不宜深，播种深度在1~2cm。干旱地区略深，较湿润地区可浅播，播种后稍覆土或直接镇压，镇压1~2遍。

（三）保护播种

保护作物可以带动苜蓿破土出苗，同时可防止暴雨冲刷地表，并能较好地抑制杂草生长，而不影响苜蓿生长。保护播种适用于盐池、红寺堡、同心、海原、吴忠市利通区五里坡及中卫市孙家滩的风沙土区域。

1. 保护作物选择

选择保护作物时，主要考虑生长期短、生长迅速、不易倒伏和枝叶不太繁茂的一年生作物，如小麦、大麦、燕麦、荞麦、油菜、菜豆、大豆和豌豆等。

2. 保护作物播种量

保护作物的播种量一般减少到25%~30%。干旱区土壤瘠薄，作物生长期短，护作物的播种量应减少到40%~50%。

3. 保护播种方式

保护播种可分为同行混合播种和间行条播2种。

（1）间行条播：紫花苜蓿行距30~40cm，行间播种一行保护作物，紫花苜蓿与保护作物之间距离为15~20cm。

（2）同行混合播种：将紫花苜蓿种子和保护作物的种子混合均匀、同时播种，深度较单独播种苜蓿稍深，行距为40~45cm。保护作物多选择油菜，其次为小麦、燕麦、荞麦、大豆等作物。

4. 不宜采用保护播种的情况

保护播种方式虽有减少杂草及不良条件对紫花苜蓿生长的危害、增加播种当年产量的好处，但也有不利的一面：当保护作物生长旺盛时，会与紫花苜蓿争夺光照、水分和营养，对苜蓿生长有一定影响。这种影响甚至会影响以后几年紫花苜蓿生长、发育和产量。所以，实际生产中，在灌溉和耕地土壤条件好的区域不采用保护播种。

二、田间管理技术

（一）防止土壤板结的方法

苜蓿播种时土壤过于潮湿，播后镇压又过重，或者苜蓿播种于低洼含盐碱多的土壤，均容易形成板结，因此，待表土稍干燥后，再覆土镇压。苜蓿在播种后未出苗之前，不宜进行漫灌，以免造成土壤板结，可进行喷灌。此外，灌溉或下雨后，苜蓿地较湿润时重型机械不可进入。

（二）除草剂防除杂草

大面积种植苜蓿，使用除草剂可节约人工费，降低成本，及时消灭杂草。苜蓿田除草剂一般在播种前、出苗后和刈割后使用。

1. 播种前施用

一般选择效果比较好的除草剂，如灭草猛、氟乐灵和拉索。在施用氟乐灵时，要注意在播种前7 d或更长的时间使用，最好在上一年秋季施用。春季播种苜蓿时，播种前可用灭生性除草剂（如草甘膦）或混合使用除单子叶杂草和双子叶杂草的除草剂。

2. 苗期施用

要在苜蓿长出3~5片真叶前使用。使用的除草剂有威霸、精克草能、苜草净、禾草克等，可用防除大豆田杂草的豆草清等防除一些阔叶杂草，其中两种可混用。

3. 刈割后施用

苜蓿刈割后为消灭田间杂草而施用的除草剂，除苗期使用的种类外，还可将 2，4-D 丁酯与拿捕净混合，同时杀灭单子叶杂草和阔叶杂草。但该类除草剂必须在苜蓿刈割后、再生芽还未长出地表前施用。在消灭苜蓿田边地头及水渠边的杂草时，可采用灭生性除草剂，如草甘膦和敌草隆。

（三）施肥与灌溉

1. 施肥

（1）基肥。基肥又叫底肥，每亩可施入农家肥 2 000~3 000 kg，同时施过磷酸钙 20~25 kg，钾肥（硫酸钾或氯化钾）8~10 kg。

（2）追肥。追肥指在苜蓿生长发育期间，根据需要追施的肥料。主要施用速效化肥，可以撒播或随灌水在渠口施入。在分枝期施尿素 5 kg。

2. 灌溉

（1）灌溉时期。苜蓿适时灌溉非常重要，春季土壤解冻后、苜蓿返青前灌溉 1 次，时间约在 4 月中旬。秋季大地封冻前灌溉 1 次，时间在 10 月下旬至 11 月上旬。每次刈割后灌溉 1 次。每年苜蓿能刈割 3 次的地区，至少灌溉 4 次；每年苜蓿能刈割 4 次的地区，至少灌溉 5 次。

（2）灌溉方式。苜蓿灌溉方式一般有 3 种：漫灌、滴灌和喷灌。

漫灌：适用于耕地平整、水量供应充足的地块，宁夏引黄灌区和扬黄灌区普遍采用此种灌溉方式。

喷灌：是一种先进的科学灌溉技术，能均匀地将水喷洒在地面上，不产生地表径流，渗漏少，可节省 30%~60% 的水。但喷灌设备成本高，不适合在大面积苜蓿地上应用。而且苜蓿是深根性植物，当苜蓿地比较干旱时，喷灌并不能很好地解决干旱问题。

滴灌：是近几年开始采用的一种灌溉方式，优点是省水、省力、节能、不易使土壤板结，便于自动化；主要缺点是要求水质高，易堵塞。

（四）病虫害防治

1. 苜蓿病害

（1）苜蓿白粉病。

症状表现：地上部分包括茎、叶、荚果、花柄等均可出现白色霉层，其中叶片较严重。最初为蛛丝状小圆斑，后扩大增厚呈白粉状，后期出现褐色或黑色小点。

防治方法：小面积的苜蓿地或种子田可施用硫黄粉、灭菌丹、粉锈宁和高脂膜等防治。大面积的苜蓿地必须及时刈割，收获苜蓿，切断白粉病的蔓延发展途径，减少损失。

（2）苜蓿霜霉病。

症状表现：发病植株出现局部不规则的褪绿斑，病斑无明显边缘，逐渐扩大可达整个叶面，在叶背面和嫩枝出现灰白色霉层。枝条节间缩短，叶片卷缩或腐烂，以幼枝叶症状明显。全株矮化褪绿以至枯死，不能形成花序。

防治方法：发病初期可喷施波尔多液、代森锰锌、福美双等，或提前刈割苜蓿。

（3）苜蓿褐斑病。

症状表现：叶片上出现圆形褐色斑块，边缘不整齐呈细齿状，病叶变黄脱落，严重时整株可出现病斑。

防治方法：最好的防治办法是提早刈割苜蓿。种子田可用代森锰锌、百菌清和苯莱特等杀灭病菌。

（4）苜蓿根腐病。

症状表现：发病初期，仅仅是个别支根和须根感染此病，后逐渐向主根蔓延。主根感染后，早期植株不表现症状，后随着根部腐烂程度的加剧，植株上部叶片开始萎蔫，最后全株死亡。一般多在3月下旬至4月上旬发病，5月进入发病盛期，其发生与气候条件关系很大。苗床低温高湿和光照不足，是引发此病的主要环境条件。土壤黏性大、易板结、通气不良致使根系生长发育受阻，也易发病。

防治方法：播种前对种子进行消毒，可用种子重量0.3%的退菌灵特或种子重量0.1%的粉锈宁拌种，或用80%的402抗菌剂乳油2 000倍液浸种5 h。

2. 苜蓿虫害

（1）苜蓿夜蛾。

一般在4月下旬至5月中旬为害，苜蓿夜蛾的幼虫在苜蓿返青时为害苜蓿幼嫩的茎叶，昼伏夜出。

防治方法：喷施速杀2000、马拉硫磷、百虫杀等药液进行喷雾灭虫，要在晚上苜蓿夜蛾活动时喷施。

（2）苜蓿蓟马。

症状表现：被害叶片卷曲、皱缩或枯死，生长点被害后发黄凋萎，顶芽不生长，影响苜蓿青草产量和质量。

防治方法：蓟马可用乐果乳油、菊杀乳油、菊马乳油和杀螟松乳油多次进行喷雾，杀灭效果较好。

（3）苜蓿盲蝽。

苜蓿盲蝽以卵在苜蓿茬的茎内越冬，其成虫和幼虫均以刺吸式口器吸食苜蓿嫩茎叶、花蕾和子房，严重影响苜蓿的产草量和种子产量。

防治方法：在苜蓿孕蕾期或初花期刈割，齐地面刈割，可以减少幼虫的羽化数量，割去茎中卵，减少田间虫口数量。幼虫期，可进行药物防治，用乐果乳油、马拉硫磷等进行喷雾防治。

三、苜蓿收获技术

（一）刈割时间

刈割时间对苜蓿的产量和质量影响较大。主要根据苜蓿各生育期的粗蛋白质等营养物质含量和产草量来确定苜蓿最佳刈割时间。另外，还要根据生产目的确定刈割苜蓿的时间。苜蓿品质、产量及再生长性三者应兼顾。

饲喂猪和禽，应在苜蓿分枝期刈割，这时苜蓿的营养价值最高，但苜蓿的产草量也最低。 饲喂泌乳期的奶牛，应在苜蓿现蕾后期刈割，此时苜蓿的粗蛋白质含量能达到 22%~24%，能增加牛奶的营养价值，提高牛奶的品质。饲喂肉牛、肉羊，应在苜蓿初花期或者盛花期刈割，此时苜蓿的粗蛋白质含量降低到了16%~18%，但苜蓿产草量最高。

（二）刈割留茬高度

刈割苜蓿时的留茬高度首先影响苜蓿产量，其次影响苜蓿再生速度和质量。一般适宜的留茬高度在8~10cm。最后一次刈割留茬高度应在10cm以上，有利于苜蓿安全越冬。

（三）刈割次数

苜蓿一年之中的刈割次数与种植区域的气候、土壤条件、灌溉、施肥和生长期长短有关。宁夏引黄灌区刈割4次；中部扬黄灌区刈割3次；宁南山区刈割2次。

四、苜蓿加工利用技术

（一）青饲

紫花苜蓿刈割后可直接饲喂畜禽，但鲜苜蓿喂牛、羊等反刍家畜时，由于青鲜苜蓿含皂素较高，家畜容易发生鼓胀病，可以先喂一定数量的禾本科牧草和秸秆等饲草，然后再喂苜蓿，这样能防止鼓胀病的发生。饲喂奶牛时，泌乳牛根据体重及产奶量可饲喂25~40kg；干乳期奶牛5~10kg；育成牛 15~20kg；3月龄以上的犊牛1~5kg；育肥期肉牛20~25kg；架子牛15~20kg；马、驴、骡15~25kg；绵羊3~5kg；山羊2~4kg；繁殖母猪6~8kg；架子猪3~5kg；成年公猪4~6kg；鸡、鸭、鹅 0.1~0.4kg。实际饲喂过程中，青鲜苜蓿的饲喂量可控制在日食量的 30%~70%。

（二）青贮

1. 窖贮

修建青贮窖时，可根据地下水位情况、饲养家畜的数量和以后发展规模及饲草的利用方式等确定青贮窖修建的形式、形状和大小，采用砖砌、石砌或水泥、砂石浆浇铸。根据地下水位可修建地上式、半地上式和地下式青贮窖；形状有圆形、方形、长方形或青贮壕。根据饲养规模确定青贮窖和青贮壕的大小和数量。当苜蓿的贮量为0.5万~2.5万kg时，青贮窖可修建为圆形，容积为20~100m³，可建2~3个窖，使用和管理起来都比较方便。贮量达到2.5万~20万kg时，需修建1~2条青贮壕，贮量大，可利用机械镇压，装填和取料都比较方便。窖贮必须在专业人员指导下进行。

苜蓿青贮生产工艺：准备青贮容器→适时刈割→水分调节→ 切碎 →运送、装填、压实→密封。

2. 裹包青贮

裹包青贮是目前世界上先进的青贮技术之一。当苜蓿水分含量达到半干青贮条件时，集中草条，草条的宽度应与压捆机、捡拾器相符。这种方式尤其适合苜蓿种植地与奶牛等其他家畜养殖区距离较近的地区。

3. 干草调制与贮藏

最普遍的用于苜蓿干草调制的方法是地面干燥法，这是一种比较经济适用的方式，适合降雨量低于400mm的地区。刈割晾晒1~2d后机械翻晒，再晾晒1~2d后机械打捆，再晒2d左右，至茎叶干燥时（苜蓿含水量在14%~16%），于早晨运回堆垛，贮藏于草棚。

第二节　饲用甜高粱生产技术

一、品种选择

（一）种子

因地制宜筛选、使用经过审定的优质、高产、再生力强的杂交高粱品种，种子质量符合 GB4404.1—2008《粮食作物种子　第1部分：禾谷类》要求。在正式播种前进行发芽试验，确保种子发芽率。

（二）选种

播种前应先根据土壤条件选择合适的甜高粱品种，在水肥条件较高的地块选用喜肥水、抗倒伏、增产潜力大的品种（如中科甜3号），在干旱瘠薄的地块应选择相对耐旱、分蘖能力强的品种（如中科甜4号），在盐碱的地块应选择耐盐碱、适应性强的品种（如中科甜9号）。

（三）种子处理

（1）种子处理方法。甜高粱种子处理方法有2种，即浸种或包衣，生产中只需选择一种即可。

（2）包衣。播前可用 18% 福克种衣剂包衣，包衣比例为 1：40。

（3）浸种。播前可用 20% 三唑酮乳油对种子进行浸泡。

方法及用量：50g 乳油和 6kg 水混合，浸泡 100kg 种子。

二、整地

（一）选地

选用排灌方便、旱涝保收、便于管理、便于防止家畜为害的地块。前茬选择未使用剧毒、高残留农药的大豆茬、小麦茬、玉米茬。

（二）施基肥

播种前施入腐熟后的有机肥 1000~2000kg / 亩。

（三）灌水、整地

灌水：根据墒情灌水，如果墒情不好，整地前灌足底墒水，以漫灌为主，保证灌足、灌透。

整地：灌水后7d 左右即可整地，具体时间结合灌水后土壤墒情确定。整地时先翻后旋，为保证高粱苗全、苗齐、苗壮，一定要精细整地，以利于提高播种机的播种效率。

三、播种

（一）播期

土壤5~10cm深处土温达到10~12℃时即可播种，宁夏地区播期为4月15日至5月15日，具体日期根据当年气象条件而定。

（二）播种深度

黏土地紧密，容易板结，不易出苗，应浅播（播种深度一般为3~4cm）；沙土地保墒差，容易出苗，可适当深播（播种深度一般为4~5cm）。

（三）播种密度及播种量

播种时，行距50cm，株距15cm，每穴2~3粒，田间密度为5500~6500穴/亩，用种量0.5~0.75kg/亩。

（四）种肥

种肥在播种时随种子一起施入土壤，作用是为幼苗的生育提供营养。由于幼苗根系吸肥能力弱，所以宜将含速效养分多的肥料作为种肥，多以化肥为主，如复合肥或者尿素等。

表14-1　甜高粱全生育期所需营养成分种类及用量

项目	种肥			拔节期追肥			总需肥量		
类别	N	P_2O_5	K_2O	N	P_2O_5	K_2O	N	P_2O_5	K_2O
施入养分量/（kg·亩$^{-1}$）	7	12	3	20	0	4	27	12	7

（五）喷施除草剂

全部种子播完后1~2d使用喷药机对地表喷施化学除草剂，封闭除草剂为精异丙甲草胺和莠去津混剂，混匀后每亩兑水35L喷施。如天气干旱，则需要在喷药后2d内喷1次清水。

表14-2 甜高粱封闭用除草剂基本信息

名称	精异丙甲草胺	莠去津
有效成分含量	96%	38%
施药量	80~100L/亩	100~150g/亩

四、田间管理

（一）灌溉

苗期，甜高粱生长较慢，叶面积小，需水量有限，只要及时中耕保墒，土壤里的水分即可满足甜高粱的生长需要，可不进行灌溉。在拔节阶段，植株生长迅速，生长量大，此时如遇到干旱则必须灌溉。开花期需水量达到高峰，必须有足够的水分满足开花授粉之需要。一般甜高粱每生长季灌水2~3次。抗涝田间的短期积水对甜高粱一般影响不大。在盐碱地，水涝伴随盐碱，对甜高粱的危害更大，因此在雨季来临之前必须清理排水渠使其通畅。

（二）追肥

拔节期施追肥，使用中耕施肥机施追肥，同时完成中耕除草，如土壤墒情较差，施肥后需及时灌溉，以保证获得较高的肥料利用效果，促进根系吸收，具体追肥量见表14-1，同时要结合当地实际土壤条件具体调整。

（三）病虫草害防治

甜高粱主要虫害为蚜虫、玉米螟、条螟等。其中，蚜虫防治方法为：有效成分含量5%的吡虫啉乳油，40mL/亩兑水30L喷施。玉米螟和条螟的防治手段相似，即使用有效成分含量200g/L的氯虫苯甲酰胺，10mL/亩兑水30L喷施。

五、收获

用作青贮饲料的甜高粱在抽穗后、乳熟前收获，如果乳熟后收获，这时的甜高粱茎秆木质化程度大大增加，蛋白质含量下降，作为青贮饲料的价值也就大大降低。

附录2 粪污资源化利用
行动方案的制订

第一节 《畜禽粪污资源化利用行动方案（2017—2020年）》（节选）

一、总体思路

（一）指导思想

坚持政府支持、企业主体、市场化运作的方针，坚持源头减量、过程控制、末端利用的治理路径，以畜牧大县和规模养殖场为重点，以沼气和生物天然气为主要处理方向，以农用有机肥和农村能源为主要利用方向，全面推进畜禽养殖废弃物资源化利用。

（二）基本原则

坚持统筹兼顾。统筹考虑畜牧业生产发展、粪污资源化利用和农牧民增收等重要任务，促进畜牧业生产与环境保护和谐发展。

坚持整县推进。以畜牧大县为重点，加大政策扶持力度，积极探索整县推进模式。严格落实地方政府属地管理责任和规模养殖场主体责任，统筹县域内种养业布局，制定种养循环发展规划，培育第三方处理企业和社会化服务组织，全面推进区域内畜禽粪污治理。

坚持分类指导。因地制宜推广经济适用的粪污资源化利用模式，做到科学还田利用。

（三）行动目标

到2020年，全国畜禽粪污综合利用率达到75%以上，规模养殖场粪污处理设施装备配套率达到95%以上，大规模养殖场粪污处理设施装备配套率提前一年达到100%。畜牧大县、国家现代农业示范区、农业可持续发展试验示范区和现代农业产业园率先实现上述目标。

二、重点任务

（一）建立健全资源化利用制度

农业部会同环保部，建立定期督查机制，确保大规模养殖场2019年年底前完成资源化利用任务。

（二）优化畜牧业区域布局

坚持以地定畜、以种定养，根据土地承载能力确定畜禽养殖规模。调减南方水网地区生猪养殖量，引导生猪生产向粮食主产区和环境容量大的地区转移。在牧区、农牧交错带、南方草山草坡等饲草资源丰富的地区，扩大优质饲草料种植面积，大力发展草食畜牧业。

（三）加快畜牧业转型升级

（四）促进畜禽粪污资源化利用

以畜禽养殖废弃物减量化产生、无害化处理、资源化利用为重点，"十三五"期间创建200个示范县，整县推进畜禽养殖废弃物综合利用。

（五）提升种养结合水平

（六）提高沼气和生物天然气利用效率

支持规模养殖场和专业化企业生产沼气、生物天然气，促进畜禽粪污能源化，更多用于农村清洁取暖。支持大型粪污能源化利用企业建立粪污收集利用体系，配套与粪污处理规模相匹配的消纳土地，促进沼液就近就地还田利用。

三、区域重点及技术模式

一是源头减量。推广使用微生物制剂、酶制剂等饲料添加剂和低氮低磷低矿物质饲料配方，提高饲料转化效率，促进兽药和铜、锌饲料添加剂减量使用，降低养殖业排放。引导生猪、奶牛规模养殖场改水冲粪为干清粪。

二是过程控制。根据土地承载能力确定适宜养殖规模，建设必要的粪污处理设施，使用堆肥发酵菌剂、粪水处理菌剂和臭气控制菌剂等，加速粪污无害化处理过程，减少氮磷和臭气排放。

三是末端利用。肉牛、羊和家禽等以固体粪便为主的规模化养殖场，鼓励进行固体粪便堆肥或建立集中处理中心生产商品有机肥；生猪和奶牛等规模化养殖场鼓励采用粪污全量收集还田利用和"固体粪便堆肥＋污水肥料化利用"等技术模式，推广快速低排放的固体粪便堆肥技术和水肥一体化施用技术，促进畜禽粪污就近就地还田利用。

（一）京津沪地区

该区域重点推广的技术模式：一是"污水肥料化利用"模式。养殖污水经多级沉淀池或沼气工程进行无害化处理，配套建设肥水输送和配比设施，在农田施肥和灌溉期间，实行肥水一体化施用。二是"粪便垫料回用"模式。规模奶牛场粪污进行固液分离，固体粪便经过高温快速发酵和杀菌处理后作为牛床垫料。三是"污水深度处理"模式。对于无配套土地的规模养殖场，养殖污水固液分离后进行厌氧、好氧深度处理，达标排放或消毒回用。

（二）东北地区

包括内蒙古、辽宁、吉林和黑龙江4省。该区域土地面积大，冬季气温低，环境承载力和土地消纳能力相对较高，重点推广的技术模式：一是"粪污全量收集还田利用"模式。对于养殖密集区或大规模养殖场，依托专业化粪污处理利用企业，集中收集并通过氧化塘贮存对粪污进行无害化处理，在作物收割后或播种前利用专业化施肥机械施用到农田，减少化肥施用量。二是"污水肥料化利用"模式。对于有配套农田的规模养殖场，养殖污水通过氧化塘贮存或沼气工程进行无害化处理，在作物收获后或播种前作为底肥施用。三是"粪污专业化能源利用"模式。依托大规模养殖场或第三方粪污处理企业，对一定区域内的粪污进行集中收集，通过大型沼气工程或生物天然气工程，沼气发电上网或提纯生物天然气，沼渣生产有机肥，沼液通过农田利用或浓缩使用。

（三）东部沿海地区

包括江苏、浙江、福建、广东和海南5省，该区域经济较发达、人口密度大、水网密集，耕地面积少，环境负荷高，重点推广的技术模式：一是"粪污专业化能源利用"模式。依托大规模养殖场或第三方粪污处理企业，对一定区域内的粪污进行集中收集，通过大型沼气工程或生物天然气工程，沼气发电上网或提纯生物天然气，沼渣生产有机肥，沼液还田利用。二是"异位发酵床"模式。粪污通过漏缝地板进入底层或转移到舍外，利用垫料和微生物菌进行发酵分解。采用"公司＋农户"模式的家庭农场宜采用舍外发酵床模式，规模生猪养殖场宜采用高架发酵床模式。三是"污水肥料化利用"模式。对于有配套农田的规模养殖场，养殖污水通过厌氧发酵进行无害化处理，配套建设肥水输送和配比设施，在农田施肥和灌溉期间，实行肥水一体化施用。四是"污水达标排放"模式。对于无配套农田养殖场，养殖污水固液分离后进行厌氧、好氧深度处理，达标排放或消毒回用。

（四）中东部地区

包括安徽、江西、湖北和湖南4省，是我国粮食主产区和畜产品优势区，位于南方水网地区，环境负荷较高，重点推广的技术模式：一是"粪污专业化能源利用"模式。依托大规模养殖场或第三方粪污处理企业，对一定区域内的粪污进行集中收集，通过大型沼气工程或生物天然气工程，沼气发电上网或提纯生物天然气，沼渣生产有机肥，沼液直接农田利用或浓缩使用。二是"污水肥料化利用"模式。对于有配套农田的规模养殖场，养殖污水通过三级沉淀池或沼气工程进行无害化处理，配套建设肥水输送和配比设施，在农田施肥和灌溉期间，实行肥水一体化施用。三是"污水达标排放"模式。对于无配套农田的规模养殖场，养殖污水固液分离后通过厌氧、好氧进行深度处理，达标排放或消毒回用。

（五）华北平原地区

包括河北、山西、山东和河南4省，是我国粮食主产区和畜产品优势区，重点推广的技术模式：一是"粪污全量收集还田利用"模式。在耕地面积较大的平原地区，依托专业化的粪污收集和施肥企业，集中收集粪污并通过氧化塘贮存进行无害化处理，在作物收割后和播种前采用专业化的施肥机械集中进行施用，减少化肥施用量。二是"粪污专业化能源利用"模式。依托大规模养殖场或第三方粪污处理企业，对一定区域内的粪污进行集中收集，通过大型沼气工程或生物天然气工程，沼气发电上网或提纯生物天然气，沼渣生产有机肥，沼液通过农田利用或浓缩使用。三是"粪便垫料回用"模式。规模奶牛场粪污进行固液分离，固体粪便经过高温快速发酵和杀菌处理后作为牛床垫料。四是"污水肥料化利用"模式。对于有配套农田的规模养殖场，养殖污水通过氧化塘贮存或厌氧发酵进行无害化处理，在作物收获后或播种前作为底肥施用。

（六）西南地区

包括广西、重庆、四川、贵州、云南和西藏6省（区、市）。除西藏外，该区域5省（区、市）均属于我国生猪主产区，但畜禽养殖规模水平较低，以农户和小规模饲养为主，重点推广的技术模式：一是"异位发酵床"模式。粪污通过漏缝地板进入底层或转移到舍外，利用垫料和微生物菌进行发酵分解。采用"公司＋农户"模式的家庭农场宜采用舍外发酵床模式，规模生猪养殖场宜采用高架发酵床模式。二是"污水肥料化利用"模式。对于有配套农田的规模养殖场，养殖污水通过三级沉淀池或沼气工程进行无害化处理，配套建设肥水贮存、输送和配比设施，在农田施肥和灌溉期间，实行肥水一体化施用。

（七）西北地区

包括陕西、甘肃、青海、宁夏和新疆5省（区）。该区域水资源短缺，主要是草原畜牧业，农田面积较大，重点推广的技术模式：一是"粪便垫料回用"模式。规模奶牛场粪污进行固液分离，固体粪便经过高温快速发酵和杀菌处理后作为牛床垫料。二是"污水肥料化利用"模式。对于有配套农田的规模养殖场，养殖污水通过氧化塘贮存或沼气工程进行无害化处理，在作物收获后或播种前作为底肥施用。三是"粪污专业化能源利用"模式。依托大规模养殖场或第三方粪污处理企业，对一定区域内的粪污进行集中收集，通过大型沼气工程或生物天然气工程，沼气发电上网或提纯生物天然气，沼渣生产有机肥，沼液通过农田利用或浓缩使用。

四、保障措施

（一）加强组织领导

农业部成立畜禽粪污资源化利用办公室，计划、财务、科教、种植、畜牧等相关司局人员集中统一办公，强化顶层设计，加强项目资金整合和组织实施，开展绩效考核等。各省（区、市）农业部门也要进一步完善工作机制，推动形成各环节协同推进的局面。

（二）加大政策扶持

完善畜禽粪污资源化利用产品价格政策，降低终端产品进入市场的门槛，创新畜禽粪污资源化利用的设施建设和运营模式，通过PPP等方式降低运营成本和市场风险，畅通社会资本进入的渠道。推动地方政府围绕标准化规模养殖、沼气资源化利用、有机肥推广等关键环节出台扶持政策，提升规模养殖场、第三方处理机构和社会化服务组织粪污处理能力。认真组织实施中央财政畜禽粪污资源化利用项目和中央预算内投资畜禽粪资源化利用整县推进项目，支持生猪、肉牛、奶牛大县整县推进畜禽粪污资源化利用。鼓励各地出台配套政策，统筹利用生猪（牛、羊）调出大县奖励资金、果菜茶有机肥替代化肥等项目资金，对畜禽粪污资源化利用工作给予支持。

（三）强化科技支撑

各地要综合考虑水、土壤、大气污染治理要求，探索适宜的粪污资源化利用技术模式，制订本地区畜禽粪污资源化利用行动方案。加强技术服务与指导，开展技术培训，提高规模养殖场、第三方处理企业和社会化服务组织的技术水平。组织科技攻关，研发推广安全、高效、环保新型饲料产品，加强畜禽粪污资源化利用技术集成，推广应用有机肥、水肥一体化等关键技术，研发一批先进技术和装备。

（四）建立信息平台

以大型养殖企业和畜牧大县为重点，围绕养殖生产、粪污资源化处理等数据链条，建设统一管理、分级使用、数据共享的畜禽规模养殖场信息直联直报平台。严格落实养殖档案管理制度，对所有规模养殖场实行摸底调查、全数登记，赋予统一身份代码，逐步将养殖场信息与其他监管信息互联，提高数据真实性和准确性。

（五）注重宣传引导

大力宣传有关法律法规，及时解读畜禽粪污资源化利用相关支持政策，提高畜禽养殖从业者的思想认识。利用电视、报刊、网络等多种媒体，广泛宣传畜禽粪污资源化利用行动的主要内容、工作思路和总体目标，宣传推广各地的好经验好做法，为推进畜禽粪污资源化利用行动营造良好氛围。

第二节　《固原市加快推进畜禽养殖废弃物资源化利用工作的实施方案（2018—2020年）》

为加快推进畜禽养殖废弃物资源化利用，促进畜牧业绿色可持续发展，根据《国务院办公厅关于加快推进畜禽养殖废弃物资源化利用的意见》（国办发〔2017〕48号）和《宁夏回族自治区加快推进畜禽养殖废弃物资源化利用工作方案（2017—2020年）》（宁政办发〔2017〕202号）精神，结合固原实际，特制订本工作方案。

一、总体要求

为全面贯彻落实中央农村工作会议和固原市委四届二次、三次全委会精神，深入推进绿色发展，按照源头减量、过程控制、末端利用的治理途径，强化畜禽粪污处理属地管理责任和规模养殖场主体责任，以规模养殖场和养殖密集区为重点，以农用有机肥和农村能源为主要利用方向，坚持"政府支持、企业主体、市场化运作"的原则，着力构建种养结合、农牧循环、绿色发展的新格局，为实施乡村振兴战略提供有力支撑。

二、基本原则

（一）农牧结合，多元利用

坚持以地定养、以养肥地、种养平衡、农牧结合，深入探索畜禽养殖废弃物资源化利用的治理路径、有效模式和运行机制。以肥料化利用为基础，因地制宜，宜肥则肥，宜气则气，实现畜禽养殖废弃物就地就近利用。

（二）政府引导，企业主体

坚持市场化运作，引导社会资本参与畜禽养殖废弃物资源化利用，以政府和社会资本合作模式，构建企业为主、政府支持、社会资本积极参与的运行机制。以绿色生态为导向，落实各项补贴政策，培育畜禽养殖废弃物资源化利用产业。

（三）种养循环，绿色发展

坚持发挥有机肥的纽带作用，统筹考虑有机肥的能源、生态效益，兼顾沼气的社会经济价值，优化有机肥场发展结构和建设布局，支持各县（区）发展有机肥的利用。

（四）统筹兼顾，协调推进

坚持生产发展与生态保护并重，统筹考虑土地承载能力、养殖废弃物资源化利用能力和畜产品供给保障能力，调整优化畜禽生产结构、产业布局，推动产业转型升级，促进生产与生态协调发展。

三、工作目标

2018年，全市畜禽废弃物资源化利用工作全面展开，畜禽粪污综合利用率达到87%以上，规模养殖场粪污处理设施装备配套率达到80%以上，商品有机肥料施用面积达到40万亩。

2019年，全市粪污处理利用产业化开发取得突破，畜禽粪污综合利用率达到88%以上，规模养殖场粪污处理设施装备配套率达到90%以上，大型规模养殖场粪污处理设施装备配套率达到100%，商品有机肥料施用面积达到60万亩。

2020年，全市建立科学规范、权责清晰、约束有力的畜禽养殖废弃物资源化利用制度，畜禽粪污综合利用率达到90%以上，规模养殖场粪污处理设施装备配套率达到95%以上，商品有机肥料施用面积达到80万亩以上。

四、重点任务

（一）严格落实属地管理责任

各县（区）人民政府对本行政区域内的畜禽养殖废弃物资源化利用工作负总责，要及时掌握畜禽粪污底数、登记备案，明确畜禽粪污资源化利用目标任务、重点区域、建设布局及工作措施。在符合土地利用总体规划和生态环境保护的前提下，科学划定禁养、限养、宜养区范围，在一定过渡期并给予合理补偿的基础上，依法依规关闭或搬迁禁养区内确需关闭或搬迁的畜禽规模养殖场（园区）；各县（区）要在2018年2月底前制订并公布本行政区域内工作推进方案，细化分年度重点任务和工作清单，并以"2表1图1方案"〔即分年度推进计划表、依法依规需关闭搬迁或新改造畜禽粪污收集处理利用设施的明细表；全县（区）禁养、限养和宜养区标识地图；工作推进方案〕的形式挂图作战，同时抄报市农牧局、环保局备案。

（二）分类落实养殖场（户）主体责任，大力开展畜禽粪污处理利用基础设施建设与改造

按照"谁污染，谁治理"的原则，养殖场（户）要严格执行《中华人民共和国环境保护法》《畜禽规模养殖污染防治条例》等法律法规，切实履行环境保护主体责任。各县（区）要根据养殖畜种、数量、生产工艺和环境承载力，科学选择推广畜禽养殖废弃物资源化利用模式，建设与改造相应设施。一是要支持规模养殖场（园区）、合作社新（改）建粪污收集储存处理利用基础设施，推行"三改两分三防再利用"，即改水冲粪为干清粪、改无限用水为控制用水、改明沟排污为暗沟排污，固液分离、雨污分流，储存设施防渗、防雨、防溢流，粪污无害化处理后资源化再利用。二是要扶持企业建设大型沼气工程、有机肥生产以及生物天然气利用设施。新建、扩建畜禽粪污处理利用基础设施，应当符合土地利用总体规划。三是要合理规划粪污集中处理建设布局，鼓励企业、社会组织在养殖密集区建立粪污集中处理中心和分散养殖粪

便储存、回收和利用体系。通过政府和社会资本合作（PPP）模式鼓励支持区内外大型企业投资建设有机肥厂、大型沼气工程和生物天然气工程，形成畜禽粪污收集、存储、运输、处理和综合利用产业链。

（三）积极推进畜牧业标准化生产

开展畜禽规模场标准化示范创建，支持养殖场标准化升级改造，提高适度规模养殖比例。组装配备自动喂料、环境控制等现代化装备，推广节水、节料等清洁养殖工艺和干清粪、微生物发酵等实用技术，加快畜牧业生产方式转变。推行精准化饲喂和精细化管理，推广科学饲料配方、新型饲料添加剂，提高畜禽养殖生产效率，降低养殖业污染物排放。推进"物联网＋现代畜牧业"发展，加强养殖全过程监控，提高生产管理和质量安全水平。各县（区）每年要创建国家、自治区级畜禽标准化示范场5个以上。

（四）大力推广粪肥还田技术

加快商品有机肥替代化肥的粮食、蔬菜绿色标准化生产示范区建设，集成示范推广"有机肥＋配方肥""有机肥＋水肥一体化"等技术，形成商品有机肥替代化肥的种植模式。

（五）强化畜禽养殖污染监督管理

以大型养殖场（园区）为重点，建立畜禽养殖污染监督管理平台，实行统一身份代码管理。健全畜禽粪污还田利用检测标准体系和安全评价评估体系，完善畜禽规模养殖场污染物减排核算制度。实施畜禽规模养殖场分类管理，对设有固定排污口的畜禽规模养殖场，依法核发排污许可证，依法严格监管。建立畜禽养殖面源污染监测点，加强畜禽养殖废弃物治理情况监测预警，加大商品有机肥市场监管，定期开展专项联合监督检查，督促指导规模养殖场落实环境保护主体责任。

（六）依法开展畜禽养殖环境影响评价

制定畜牧业发展规划、新建或改扩建畜禽规模养殖场要依法依规开展环境影响评价（以猪当量核算）。加大畜禽养殖场（园区）环保设施设计、施工、投产或使用情况的监督检查。对未依法进行环境影响评价的畜禽规模养殖场，环保部门要依法予以处理，将环境违法信息记入社会诚信档案，及时向社会公开。2020年前，所有畜禽养殖场（园区）要完成环境影响评价，并向环保部门报备审核。建立畜禽养殖面源污染监测点，加强畜禽养殖废弃物治理情况监测预警，加大商品有机肥市场监管，定期开展专项联合监督检查，督促指导规模养殖场落实环境保护主体责任。

五、保障措施

（一）加强组织领导

成立市畜禽养殖废弃物资源化利用工作领导小组，统筹推进全市畜禽养殖废弃物资源化利用工作。组长由市人民政府分管市长担任，成员由市委宣传部、发改委、科技局、财政局、国土局、环保局、住建局、农牧局、市场监管局组成；领导小组办公室设在市农牧局，办公室主任由市农牧局局长担任，负责统筹协调、指导和推动畜禽养殖废弃物资源化利用工作。各县（区）人民政府也要成立相应的组织机构，抓好工作落实。

（二）健全考核评价

建立健全畜禽养殖废弃物资源化利用绩效评价考核制度，考核结果纳入各县（区）人民政府绩效评价考核体系，并与各类畜牧、环保扶持资金安排挂钩，以奖促治。

（三）争取项目扶持

积极争取中央、自治区财政畜禽养殖废弃物资源化利用政策和资金，充分调动社会资本参与，重点支持粪污处理利用设施、有机肥使用、沼气和生物天然气工程等。对粪污运输、收集、处理、利用相关设备纳入农机购置补贴范围，提高规模养殖场粪污资源化利用和有机肥生产设施用地占比及规模上限，将以畜禽养殖废弃物为主要原料的规模化生物天然气工程、大型沼气工程、有机肥厂、集中处理中心建设用地纳入土地利用总体规划，在年度用地计划中优先安排。

（四）保障科技服务

围绕源头减量、粪污处理、还田利用等关键环节，开展科技攻关，建立完善的养殖粪污综合利用技术模式和标准体系。加强畜禽粪污处理与利用新技术、新工艺研发和有机肥施用、水肥一体化等关键技术集成试验示范，加大示范和培训指导力度。通过示范、培训等多种方式，加快粪污资源化利用技术推广。通过协调创新、人才引进、交流合作、技能培训，尽快建立一支与粪污资源化利用相适应的人才队伍。

（五）抓好宣传引导

采取多种有效形式，加强技术培训服务指导，广泛宣传成熟的技术模式、经验做法，切实增强畜禽养殖人员的责任意识和绿色发展意识，不断提高畜禽养殖粪污资源化利用和污染防治水平，营造推进畜禽养殖废弃物资源化利用的良好氛围。

附录3 养牛常识解答

一、如何观察牛的几项正常生理指标?

食欲是牛健康与否的最可靠表现,一般情况下,只要生病,首先就会影响食欲。早上给料时看饲槽是否有剩料,对于早期发现疾病是十分重要的。另外,反刍能很好地反映牛的健康状况。健康牛每日反刍8 h左右,特别是晚间反刍较多。

成年牛的正常体温为38~39℃,犊牛为38.5~39.8℃。

成年牛每分钟呼吸15~35次,犊牛20~50次。

一般成年牛脉搏数为每分钟60~80次,青年牛70~90次,犊牛90~110次。

正常牛每日排粪10~15次,排尿8~10次。健康牛的粪便硬度适当,牛粪为一节一节的,但育肥牛粪便稍软,排泄次数一般也稍多,尿一般透明,略带黄色。

二、怎样给牛测体温?

一般需测牛的直肠温度。测温前,先把体温计的水银柱甩到35℃以下,涂上润滑剂或水。检查人站在牛正后方,左手提起牛尾,右手将体温计向前上方徐徐插入肛门内,用体温计夹子夹在尾根部毛上,3~5 min后取出,查看读数。

三、怎样观察牛咳嗽？

健康牛通常不咳嗽，或仅咳嗽一两声。如连续多次咳嗽，常为病态。通常将咳嗽分为干咳、湿咳和痛咳。干咳，声音清脆，短而干，疼痛比较明显。干咳常见于喉炎、气管异物、气管炎、慢性支气管炎、胸膜肺炎和肺结核病。湿咳，呼吸音湿而长、钝浊，随咳嗽从鼻孔流出大量鼻液。湿咳常见于咽喉炎、支气管炎、支气管肺炎。痛咳，咳嗽时声音短而弱，病牛伸颈摇头。痛咳见于呼吸道异物、异物性肺炎、急性喉炎、胸膜炎、创伤性网胃炎、创伤性心包炎等。此外，还可见经常性咳嗽，即咳嗽持续时间长，常见于肺结核病和慢性支气管炎。

四、怎样观察牛反刍？

健康牛一般在喂后半小时至1h开始反刍，通常在安静或休息状态下进行。每天反刍4~10次，每次持续20~40min，有时到1h，反刍时返回口腔的每个食团咀嚼40~70次，然后再咽下。

五、怎样观察牛嗳气？

健康牛一般每小时嗳气20~40次。嗳气时，可在牛的左侧颈静脉沟处看到由下而上的气体移动波，有时还可听到咕噜声。嗳气减少，见于前胃弛缓、瘤胃积食、真胃疾病、瓣胃积食、创伤性网胃炎、继发于前胃功能障碍的传染病和热性病。嗳气停止，见于食道梗塞，严重的前胃功能障碍，常继发于瘤胃鼓气。当牛发生慢性瘤胃弛缓时，嗳出的气体常带有酸臭味。

六、怎样检查牛的眼结膜？

检查牛眼结膜，通常需检查牛的眼球结膜，即巩膜和眼睑结膜。检查时，两手持牛角，使牛头转向侧方，巩膜自然露出。检查眼睑结膜时，用大拇指将下眼睑拉开。结膜苍白、结膜弥漫性潮红和结膜黄染等变化，均属疾病状态。

七、怎样检查牛的呼吸数？

在安静状态下检查牛的呼吸数。一般站在牛胸部的前侧方或腹部的后侧方观察，胸腹部一起一伏是一次呼吸。计算1 min的呼吸次数，健康犊牛为20~50次/min，成年牛为15~35次/min。在炎热季节、外界温度过高、日光直射、圈舍通风不良时，牛的呼吸数增多。

八、怎样检查牛的呼吸方式？

健康牛的呼吸呈胸腹式，即呼吸时胸壁和腹壁的运动强度基本相等。检查牛的呼吸方式，应注意牛的胸部和腹部起伏动作的协调和强度。如出现胸式呼吸，即胸壁的起伏动作特别明显，常提示病变在腹壁，多见于急性瘤胃鼓气、急性创伤性心包炎、急性腹膜炎、腹腔大量积液等。如出现腹式呼吸，即腹壁的起伏动作特别明显，常提示病变在胸壁，多见于急性胸膜炎、胸膜肺炎、胸腔大量积液、心包炎及肋骨骨折、慢性肺气肿等。

九、如何检查牛的脉搏数？

在安静状态下检查牛的脉搏数。通常触摸牛的尾中动脉。检查人站立在牛的正后方，左手将牛的毛根略微抬起，用右手的食指和中指压在尾腹面的尾中动脉上进行计数。计算1 min的脉搏数。

十、怎样看牛的鼻液是否正常？

健康牛有少量的鼻液，并常用舌头舔掉。如见较多鼻液流出，则可能为病态。通常可见黏液性鼻液、脓性鼻液、腐败性鼻液、鼻液中混有鲜血、粉红色鼻液、铁锈色鼻液。鼻液仅从一侧鼻孔流出，见于单侧的鼻炎、副鼻窦炎。

十一、怎样检查牛的口腔？

用一只手的拇指和食指，从两侧鼻孔捏住鼻中隔并向上提，同时用另一只手握住舌并拉出口腔外，即可对牛的口腔进行全面观察。健康牛口黏膜为粉红色，有光泽。口黏膜有水泡，常见于水泡性口炎和口蹄疫。口腔过分湿润或大量流涎，常见于口炎、咽炎、食道梗塞、某些中毒性疾病和口蹄疫。口腔干燥，见于热性病、长期腹泻等。当牛食欲下降或废绝，或患有口腔疾病时，口内常发出异常的臭味。当患有热性病及胃肠炎时，舌苔常呈灰白色或灰黄色。

十二、怎样看牛排粪是否正常？

正常牛在排粪时，背部微弓起，后肢稍微开张并略往前伸。每天排粪10~18次。排粪带痛，在排粪时表现疼痛不安，弓腰努责，常见于腹膜炎、直肠损伤和创伤性网胃炎等。牛不断地做排粪动作，但排不出粪或仅排出很少量，见于直肠炎。病牛不采取排粪姿势，就不自主地排出粪便，见于持续性腹泻和腰荐部脊髓损伤。排粪次数增多，不断排出粥样或水样便，即为腹泻，见于肠炎、肠结核、副结核及犊牛副伤寒等。排粪次数减少、排粪量减少，粪便干硬、色暗，外表有黏液，见于便秘、前胃病和热性病等。

十三、怎样检查牛排尿？

观察牛在排尿过程中的行为与姿势是否正常。牛排尿异常有：多尿、少尿、频尿、无尿、尿失禁、尿淋漓和排尿疼痛。

十四、如何进行尿液感观检查？

尿液感观检查，主要检查尿液的颜色、气味及其数量等。健康牛的新鲜尿液清亮透明，呈浅黄色。尿液异常有：尿液带有强烈氨味、醋酮味，尿色深黄，红尿、白尿，尿中混有脓汁。

十五、怎样给牛进行皮下注射？

皮下注射是将药液注于皮下组织内，一般经5~10min起作用。一般选择在颈侧或肩胛后方的胸侧皮肤注射。注射前，剪毛消毒，一只手提起皮肤呈三角形，另一只手持注射器，沿三角形基部刺入皮下，进针2~3cm，抽动活塞，不见回血，就可推注药液。注射后迅速拔出针头，局部以碘酊或酒精棉球压迫针孔。

十六、怎样给牛进行肌肉注射？

肌肉注射是将药液注于肌肉组织中，一般选择在肌肉丰富的臀部和颈侧注射。注射前，剪毛消毒，然后将针头垂直刺入肌肉适当深度，接上注射器，回抽活塞无回血，即可推注药液。注射后拔出针头，注射部位涂以碘酊或酒精。注意，注射时不要把针头全部刺入肌肉内，一般刺入深度为3~5 cm，以免针头折断时不易取出。过强的刺激性药，如水合氯醛、氯化钙、水杨酸钠等，不能进行肌肉注射。

十七、怎样给牛进行静脉注射？

静脉注射多选在颈沟上1/3和中1/3交界处的颈静脉注射，必要时也可选乳静脉注射。注射前，局部剪毛消毒，排尽注射器或输液管中气体。以左手按压注射部下边，使血管偾张，右手持针，在按压点上方约2 cm处，垂直或呈45度角刺入静脉内，见回血后，将针头继续顺血管推进1~2 cm，接上针筒或输液管，用手扶持或用夹子把胶管固定在颈部，缓缓注入药液。注射完毕，迅速拔出针头，用酒精棉球压住针孔，按压片刻，最后涂以碘酒。注射时，对牛要确实保定，注入大量药液时速度要慢，以每分钟30~60滴为宜，药液应加温至接近体温，一定要排净注射器或胶管中的空气。注射刺激性药液时不能漏到血管外。

十八、牛异食癖是如何发生的？

异食癖是指由于环境、营养、内分泌和遗传等因素引起的舐食啃咬通常不采食的异物为特征的一种顽固性味觉错乱的新陈代谢障碍性疾病。病因主要有：（1）饲料单一，钠、铜、钴、锰、铁、碘、磷等矿物质不足，特别是钠盐不足；（2）钙、磷比例失调；（3）某些维生素缺乏；（4）佝偻病、软骨病、慢性消化不良、前胃疾病、某些寄生虫病等可成为异食癖的诱发因素。

十九、牛尿素中毒是如何发生的？

尿素为一种非蛋白质含氮物，可作为反刍动物的饲料添加剂使用，但若补饲不当或用量过大，则可导致中毒。发病常因尿素保管不当，被牛大量偷食，或误作食盐使用。此外，尿素量，成年牛应控制在每天200~300g，且在饲喂时，尿素的喂量应逐渐增多，若初次即突然按规定的量喂牛，则易发生牛尿素中毒。此外，在喷洒了尿素的草场上放牧、含氮量较高的化肥（如硝酸铵、硫酸铵等）保管不善被牛误食、日粮中豆科饲料比例过大、肝功能紊乱等，也可成为发病的诱因。

二十、牛维生素 A 缺乏症是如何发生的？有何临床表现？

该病是由饲料中维生素 A 及维生素 A 原——胡萝卜素不足或缺乏所引起的一种营养代谢病。病初出现夜盲症状，在月光或微光下看不见障碍物。以后角膜干燥，畏光流泪；角膜肥厚、浑浊；皮肤干燥，被毛粗乱，皮肤上常积有大量麸样落屑；运动障碍，步态不稳；体重减轻；营养不良，生长缓慢。常伴有角膜炎、霉菌性皮炎、胃肠炎、支气管炎和肺炎等。母牛易发生流产、早产、死胎或生出眼瞎、角膜瘤、裂唇等先天性畸形犊牛，母牛产后常有胎衣不下现象；出生犊牛生活力差，在短时间内死亡。公牛由于精子畸形和活力差，受胎率降低。犊牛主要表现为食欲减退，消瘦，发育迟滞，有时前肢和前躯皮下发生水肿。

附录4　畜禽粪污处理常识解答

一、什么是粪污？

广义的粪污是指畜禽生产过程带来的废弃物，包括粪便、尿液、尸体、垫料、代谢气体、冲洗水、饲草料残余等；狭义的粪污是指畜禽养殖过程产生的粪、尿、水混合物。

粪污的主要成分为固体粪便、尿液、冲洗水和雨水混合物，其中固体粪便也称为干粪。

（1）干粪。干粪新鲜状态下含有较多水分，因畜禽种类、品种、年龄、生产阶段、饲料原料和配方、饲养方式不同，含水量也不同。干粪中的氮物质多以有机氮状态存在，不能直接被植物体吸收利用，只有矿化后才能被植物体吸收，而无机氮可以直接被植物体吸收利用，而且含氮有机物在厌氧条件下可分解产生氨、硫化氢、挥发性脂肪酸等各种恶臭气体。干粪中的矿物质因饲料来源、畜禽种类、畜禽品种、矿物种类不同存在较大差异，其中有机形式的磷必须经过分解矿化后才能被植物体吸收利用。钾在干粪中多以无机形式存在，几乎全部能被植物体吸收利用。病原菌常见的有黄曲霉菌、黑曲霉菌、青霉菌等，不同畜种微生物菌群也不同。部分寄生虫虫卵、幼虫、成虫也会同干粪一起排出。

古代人们称肥料为粪，把施肥叫作粪田。施农家肥开始于殷商时代，古人用农家肥，一般用熟粪，元代农学家、农业机械学家王祯在《农书》中写道"若骤用生粪，及布粪过多，粪力峻热，即烧杀物，反为害矣"。生粪要经过堆积、发酵、腐熟，变成熟粪后作为肥料使用，才易于被植物吸收，起到促进植物生长的作用。

（2）尿液。尿液中水分含量占95%~97%。家禽是泄殖腔，粪尿混合在一起，羊尿液中水分含量较少，牛、马、驴、骡比羊高，奶牛和生猪最高。尿液中的氮是蛋白质和核酸在畜禽体内代谢的中间产物或终产物，健康畜禽尿液中不存在蛋白氮。尿液中的矿物质钾、钠、钙、镁等以各种盐的形式存在。病原菌在健康畜禽尿液中不存在，因为膀胱是无菌环境，如果是病畜禽，泌尿生殖道中的病菌或寄生虫、虫卵也会随尿液一起排出。

传统的牧业生产中尿液和粪便一般一同收集堆积，由于水分含量较高，粪尿中的含碳有机物和含氮有机物厌氧发酵，产生大量挥发性臭味物质和磷酸盐，对空气造成污染。

（3）粪水。粪水是指畜禽养殖与粪污处理过程中产生的污水，包括尿液、冲洗水、沼液以及沼渣沼液混合物。冲洗水主要来源于水冲清粪工艺，生猪养殖场（小区）多采用这种模式收集粪污，用水量大，形成的粪污比较多，夏季为了给生猪降温，冲洗动物体或是喷雾产生的废水和粪污混为一体，大大增加了粪污量。雨水主要来源于下雨，雨污不分流或者分离不彻底的养殖场（小区），雨水和粪污混合在一起，也大大增加了粪污量。

（4）生粪。生粪是未经沤化的粪肥，包括干粪和尿液。畜禽粪尿混合物普遍是酸性肥料（pH值为3.6~4.7），生粪中含有害虫、抗生素、重金属、钠盐及大肠杆菌、线虫等病菌，分解过程中消耗土壤氧气，并产生甲烷、氨气、挥发性脂肪酸等有害气体，大大降低了肥效。

过度施用生粪，生粪会在土壤中二次发酵导致烧苗现象，危害农作物生长，严重时导致植株死亡，如果是给果树施肥，酸性肥料会导致果树烂根、黄叶甚至死亡；引起土壤中溶解盐沉积，影响土壤肥力；造成地表水和地下水水质污染。

（5）熟粪。熟粪是经过沤熟的粪肥，是干粪、尿液及各种添加物均匀混合沤熟后的综合性肥料。熟粪植物更容易吸收，有机质全面，肥效长，能提供植物生长所需营养物质，对改良土壤肥力、土壤结构和理化性质非常有利。

（6）肥水。肥水是指畜禽粪污通过多级沉淀、氧化塘处理、厌氧发酵等方式无害化处理后，以液态肥料利用的粪肥。

二、粪污主要有哪些形态？

粪污的形态根据其中的固体和水分含量进行区分。直观上，粪污主要以固体和液体两种不同形态存在；如果按照粪污中固体物含量则可将粪污进一步细分成固体、半固体、粪浆和液体，这4种形态的固体物含量分别为>20%、10%~20%、5%~10%、<5%。由于畜禽种类不同，生理代谢过程不同，所排泄粪便的干湿程度和尿液多少也有所差别，因而排泄时粪污的状态也不相同。粪污的相邻形态之间，如粪浆和半固体之间，并不一定有明显的分界线。

当粪污受到外界环境影响，其中的固体物含量或水分含量发生变化时，可能从一种形态转变成另一种形态。另外，动物品种、饲喂日粮、垫草的类型和数量等因素都可能影响粪污的形态。

三、养殖污水的主要来源有哪些？

养殖场污水主要来源于畜禽舍冲洗用水、滴漏的饮水、降温用水以及养殖场生活污水等。冲洗用水量取决于清粪工艺，不同清粪工艺的冲洗用水量差别很大，因而养殖污水量差别也很大。对猪场而言，如果采用发酵床养猪生产工艺，生产过程中的冲洗用水量很少，甚至不用水冲洗，因此养殖污水量也很少甚至没有；但是如果采用水冲清粪工艺，畜禽排泄的粪尿全部依靠水冲洗进行收集，冲洗用水量大，养殖污水量也很大。滴漏的饮水主要来自饮水器或饮水系统的接头，如果饮水器因为质量问题导致闭合不严或饮水系统的接头损坏或松动，则水不断滴漏，另外饮水器的安装高度不合适，在动物饮水过程中也会产生滴漏现象，这些滴漏的饮水也将混入粪污。

四、清粪为什么重要？

在现代畜禽养殖场，尤其是规模化养殖场，畜禽都饲养在畜禽舍内，它们的生产、繁衍等生命活动均在畜禽舍内完成，它们生命代谢所产生的粪和尿也排泄到畜禽舍内。如果畜禽排泄的粪尿没有被及时清理出去，则粪尿废弃物将在微生物的作用下发生一定程度的降解，挥发出氨气、硫化氢等有害气体。这些有害气体在畜禽舍内蓄积，导致畜禽舍内空气环境质量下降，畜禽会感到不舒服，它们的生长和繁殖性能就会受到影响，严重时甚至可能引发疾病和导致死亡。

不仅如此，畜禽粪尿中还含有多种微生物，包含致病微生物，如果带有致病微生物的粪尿长时间滞留于畜禽舍内，也可能出现致病微生物传播发病。

可见，清粪是畜禽养殖过程中的重要环节，不仅有助于保持畜禽舍内环境清洁，还有助于减少疾病发生。因此，畜禽养殖过程中要采取适当的清粪方式，及时清理出畜禽舍内的粪便，以便于后期的无害化处理。

五、清粪方式有哪几种？

（1）干清粪。干清粪是收集畜禽圈舍地面上尿液已流走后的全部或大部分干粪，从而使固体和液体分离的一种清粪方式，包括人工干清粪和机械干清粪。

干清粪的主要目的是防止尿液和污水与粪便混合，粪便、尿液一经产生就分流，从而降低后续粪污处理难度，节约用水，降低粪污处理成本，较全面地保持干粪营养元素，提高有机肥肥力，保持畜禽圈舍卫生。

（2）水冲清粪。水冲清粪是采用喷水头把粪尿混合物从圈舍一端开始全部清理到粪沟，顺着粪沟流到贮粪池的一种清粪方式。

水冲清粪能够较好地保持圈舍卫生，保护动物健康。不足之处是，耗水量比较大，每1000头生猪日水冲清粪耗水量达到20~25 m^3；污染物浓度高，化学需氧量达到15 000~25 000 g/m^3；大量营养成分溶解在污水中，固液分离后生产的固体有机肥肥力低。

（3）水泡清粪。水泡清粪是在圈舍下面的贮粪池注入一定量的水，粪尿一并收集到贮粪池的一种清粪方式。贮粪池装满后，打开阀门将粪污排出。

水泡清粪比水冲清粪节省水资源和人力。不足之处是，粪污长时间存贮在圈舍下面，厌氧环境容易导致粪污厌氧发酵，产生臭味物质，比如硫化氢、挥发性脂肪酸和甲烷等，造成圈舍空气质量不佳，长时间生存在有毒气体的环境，影响畜禽身体健康状况；粪污污染物浓度高，为后续处理带来较大难度，增加了粪污处理成本。

六、如何选择清粪方式？

目前畜禽养殖过程中的主要清粪方式有干清粪、水冲清粪和水泡清粪三大类，清粪方式选择应遵循以下原则。

首先，清粪方式应与粪污后期处理环节相互参照。清粪只是粪污管理过程的一个环节，它必须与粪污管理过程的其他环节相连接形成完整的管理系统，才能实现粪污的有效管理。也就是说，可以根据选定的清粪方式确定后续的粪污处理技术，也可以根据选定的粪污处理技术确定相匹配的清粪方式。例如，如果某猪场打算采取沼气工程处理粪污，该猪场的清粪方式最好选择水泡清粪方式；同样，如果某猪场采用水泡清粪方式，粪污的后期处理确定为达标排放处理就不合适，因为水泡粪中有机物浓度很高，对这样的粪污进行净化处理，显然要付出很高的代价，得不偿失。

其次，选择清粪方式还应综合考虑畜禽种类、饲养方式、劳动成本、养殖场经济状况等多方面因素。畜禽种类不同，其生物习性和生产工艺不同，对清粪方式的选择也有影响。例如，蛋鸡主要采用叠层笼养，由于鸡的尿液在泄殖腔与粪便混合后排出体外，生产过程中几乎只产生固体粪便，因而采用干清粪方式。

七、什么是机械清粪？

机械清粪也是干清粪方式之一，该清粪方式是利用专用的机械设备替代人工清理畜禽舍地面的固体粪便，机械设备直接将收集的固体粪便运输至畜禽舍外，或直接运输至粪便贮存设施；地面残余粪尿同样用少量水冲洗，污水通过粪沟排入舍外贮粪池。

机械清粪的优点是快速便捷、节省劳动力、提高工作效率，相对于人工清粪而言，不会造成舍内走道粪便污染。缺点是一次性投资较大，还要花费一定的运行和维护费用；工作部件沾满粪便，维修困难；清粪机工作时噪声较大，不利于畜禽生长；国内生产的清粪设备在使用可靠性方面还有些欠缺，故障发生率较高。尽管清粪设备在目前使用过程中仍存在一定的问题，但是随着畜牧机械工程技术的进步，清粪设备的性能将会不断完善，机械清粪也将成为现代规模化养殖发展的必然趋势。

八、固液分离的作用是什么？

固液分离是粪污的预处理工艺，通过采用物理或化学的方法和设备，将粪污中的固形物与液体分开。该方法可将粪污中的悬浮固体、长纤维、杂草等分离出来，通常可使粪污中的化学需氧量（COD）降低14%~16%。

粪污经过固液分离后，固体部分便于运输、干燥、制作有机肥或用作牛床垫料等；液体部分不仅易于输送、存储，而且由于液体部分的有机物含量低，也便于后续处理。目前的固液分离主要采用化学沉降、机械筛分、螺旋挤压、卧螺离心脱水等方法。

九、养殖粪便的主要处理方法有哪些？

养殖粪便的处理方法较多，这里主要介绍干燥处理、好氧堆肥、沼气发酵以及饲料利用。

（1）干燥处理。干燥处理就是粪便脱水以方便使用，主要有自然干燥和高温快速干燥。自然干燥是利用阳光照晒畜禽粪便进行干燥处理，高温快速干燥则是通过干燥机进行人工干燥。我国常用滚筒式干燥机，能使鸡粪的含水量由70%~75%在短时间内下降至8%以下，但存在烘干机排出的臭气二次污染以及处理温度过高导致肥效较差等缺点。

（2）好氧堆肥。畜禽粪便中含有大量的有机物及丰富的氮、磷、钾等营养物质，是农业可持续发展的宝贵资源，因此对粪便进行好氧堆肥是目前广泛使用的处理方式。根据粪便原料和辅料的特性、堆肥要求的碳氮比和水分含量，对粪便和辅料按一定比例混合，并对堆体中氧气和温度进行适当控制，使粪便快速发酵生产有机肥。这种方法处理粪便的优点在于最终产物臭气少，且较干燥，容易包装、施用，可作为土壤改良剂或有机肥料应用于农业生产。

（3）沼气发酵。沼气发酵是指根据畜禽粪便中有机物含量高的特点，在一定的水分、温度（35~55℃）和厌氧条件下，通过各类微生物的分解代谢，最终形成甲烷和二氧化碳等可燃性混合气体（沼气），同时杀灭粪水中的大肠杆菌、蛔虫卵等。沼气是清洁能源，可作为燃料用于家庭生活，养殖场大量沼气也可进行发电自用；沼渣沼液中含有氮、磷等成分，可作为肥料用于农业生产，也可用于养鱼、作物浸种等。沼气发酵是我国目前使用较广泛的粪便处理方法之一。

（4）饲料利用。研究证明，畜禽粪便中含有大量未消化的粗蛋白质、粗纤维、粗脂肪和矿物质等，其中氨基酸的组成也比较齐全、含量也较丰富，经过加工处理后，可杀死病原菌、提高蛋白质的消化率和代谢能、改善适口性，能成为较好的饲料资源。

十、什么是好氧堆肥？

好氧堆肥（即堆肥）是在有氧条件下，依靠好氧微生物（主要是好氧细菌）的作用使粪便中有机物稳定化的过程。在堆肥过程中，粪便中的可溶性有机物深入细胞，微生物通过自身的生物代谢活动，对一部分有机物进行分解代谢（即氧化分解）以获得生物生长、活动所需要的能量，把另一部分有机物转化合成新的细胞物质，使微生物生长繁殖产生更多的生物体。

好氧堆肥具有以下特点。

（1）自身产生一定的热量，并且高温持续时间长，不需要外加热源，即可实现无害化。

（2）使纤维素这种难于降解的物质分解，堆肥物料矿质化、腐殖化，产生重要的土壤活性物质。

（3）基建投资低，易于管理，设备简单。

（4）产品无味无臭、质地疏松、含水量低，便于运输和后续商品肥料加工。

目前，好氧堆肥是养殖场普遍使用的粪便处理方式。

十一、什么是厌氧堆肥？

厌氧堆肥是在无氧的条件下，借助厌氧微生物（主要是厌氧细菌）将有机质进行分解，被分解的有机碳化合物中的能量大部分转化贮存于甲烷中，仅一小部分有机碳化合物氧化成二氧化碳，释放的能量供微生物生命活动需要的过程。

厌氧堆肥又称沼气干发酵，其原料中总固体含量在20%左右。厌氧堆肥按发酵温度可分为常温发酵（自然发酵）、中温发酵和高温发酵。常温发酵的主要特点是发酵温度随自然气温的四季变化规律而变化，但沼气产量不稳定，因而转化效率低。

中温发酵的温度控制在28~38℃，沼气产量稳定，转化效率较高。

高温发酵的温度控制在48~60℃，分解速度快，处理时间短，产气量高，能有效杀死寄生虫（卵），但需加温和保温设备。

目前，厌氧堆肥主要用于养殖粪污处理。

十二、常用的粪便堆肥方式有哪些？

粪便堆肥是一个好氧过程，堆体中必须有足够的氧气才能使好氧微生物正常活动。根据堆肥过程中供氧方法不同以及是否有专用设备，可将堆肥方式分成以下4种：

条垛堆肥：通过定期对条垛进行翻堆实现供氧。

静态通气堆肥：在堆体底部或中间安装带空隙的管道，通过与管道相连的风机运行实现供氧。

槽式好氧堆肥：搅拌机器沿着堆肥槽往复运动给堆体供氧。

容器堆肥：供氧方式与静态通气堆肥相似，但堆肥在专用的设备（容器）中进行。目前国内外有多种商品化的堆肥产品，如各种堆肥箱（仓）和生物发酵塔等。

十三、什么是沼气工程？

沼气工程是一项以开发利用养殖场粪污为对象，以获取能源和治理环境污染为目的，实现农业生态良性循环的农村能源工程技术。它包括厌氧发酵主体及配套工程技术，主要是通过厌氧发酵及相关处理降低粪水有机质含量，达到或接近排放标准并按设计工艺要求获取能源——沼气；沼气利用技术，主要是利用沼气提供生活用能，或发电，或烧锅炉，或直接用于生产供暖，或作为化工原料等；沼肥制成液肥和复合肥技术，主要是通过固液分离，添加必要元素和成分，使沼肥制成液肥或复合肥，供自身使用或销售。

沼气工程的关键技术是沼气厌氧发酵技术，包括常规和高效发酵工艺技术，如上流式厌氧污泥床（UASB）、上流式厌氧固体反应器（USR）和全混式厌氧反应器（CSTR）等。

十四、什么是生物滤池？

生物滤池又称生物接触氧化法，指在反应器内放置填料，经过充氧的废水与长满生物膜的填料相接触，在生物膜的作用下，污水得到净化。

生物滤池具有体积负荷高、处理时间短、占地面积小、生物活性高、微生物浓度较高、污泥产量低、不需污泥回流、出水水质好、动力消耗低等优点；但由于生物膜较厚，脱落的生物膜易堵塞填料，生物膜大块脱落时易影响出水水质。该技术适用于大中型养殖场污水处理。

十五、什么是氧化塘？

氧化塘是一种依靠微生物生化作用来降解水中污染物的天然池塘或经过一定人工修整的有机废水处理池塘。氧化塘处理是自然处理方法中的一种，一个氧化塘就是一个小型污水处理厂。其处理污水的过程实质上是一个水体自净的过程。在净化过程中，既有物理因素（如沉淀、凝聚），又有化学因素（如氧化和还原）及生物因素。污水进入塘内，首先受到塘水的稀释，污染物扩散到塘水中从而降低了污水中污染物的浓度，污染物中的部分悬浮物逐渐沉淀至塘底成为污泥，这也使污水污染物质浓度降低；随后，污水中溶解的有机物质和胶体性的有机物质在塘内大量繁殖的菌类、藻类、水生动物、水生植物的作用下逐渐分解，大分子物质能转化为小分子物质，并被吸收进微生物体内，其中一部分被氧化分解，同时释放出相应的能量，另一部分可为微生物所利用，合成新的有机体。

十六、什么是人工湿地？

湿地是由水、永久性或间歇性处于水饱和状态下的基质及水生植物和微生物等所组成的，具有较高生产力和较大活性，处于水陆交界带的复杂的生态系统。人工湿地是为处理污水而人为设计建造的工程化的湿地系统。这种湿地系统处于一定长宽比及地面坡度的洼地中，由于土壤和基质填料（如砾石等）混合组成填料床，污水在床体的填料缝隙或床的表面流动，故可在床的表面种植处理性能好、成活率高、抗水性强、成长周期长、美观及具有经济价值的水生植物（如芦苇等）。

十七、畜禽污水好氧处理技术有哪些？

目前在国内畜禽养殖污水处理中，应用最多的好氧处理技术有序批式活性污泥法、活性污泥法、生物滤池和人工湿地等。

十八、沼渣有哪些用途？

沼渣是沼气发酵后的残余悬浮物，由部分未分解的原料和新生的微生物菌体组成，其中无机营养和有机营养含量丰富，主要用途包括用作肥料、配制培养土、制作人工基质以及用作牛场垫料等。

（1）用作肥料。施入土壤后，一部分被作物吸收利用，其余的营养仍存在于土壤之中，并随水进入土壤较深层次，改良土壤肥力。沼渣中含有大量的氯、磷、钾等速效养分，还含有丰富的中量元素及微量元素，可促进作物的生长发育；沼渣中还含有大量有机质和腐殖质，能改善土壤结构、理化性质，培肥地力，而且沼渣中不含硝酸盐成分，是生产无公害、绿色、有机农产品的肥料。国内沼渣大多用作基肥，用于蔬菜、水果以及大田农作物生产，具有很好的经济效益和生态环境效益。

（2）配制营养土。与肥沃大田土按1∶3比例掺匀，可作为营养土使用。用沼渣配制的营养土能较好地防治枯萎病、立枯病、地下害虫，并起到壮苗作用。

（3）制作人工基质。沼渣产品不仅营养丰富，而且质地疏松、酸碱适中，是食用菌等栽培的优质人工基质，既可单独使用，也可与稻壳、锯末混合使用。研究表明，用沼渣人工基质栽培食用菌，可增产30%~50%，并能提高食用菌品质。优质沼渣人工育苗基质可部分甚至完全替代草灰，且育苗效果优于常规人工育苗基质。

（4）用作牛场垫料。目前散栏饲养牛场，牛舍里都是水泥地面，养殖户为了给奶牛提供舒适环境，常在地面铺上沙子、锯末等形成卧床。用沼渣铺床，既可增强舒适度，也可节约成本。生产中，沼渣更多用于运动场地面的铺垫。

十九、沼液有哪些用途？

沼液是经过厌氧发酵后的残留液体，仍属高浓度有机废水，如果未经合理处理和利用而直接排放到环境中，将会造成二次污染。

沼液中含有大量的营养成分，主要包括丰富的氮（0.03%~0.08%）、磷（0.02%~0.07%）、钾（0.05%~1.4%）等大量营养元素，钙、铜、铁、锌、锰等中量和微量营养元素，还含有丰富的氨基酸、B族维生素、各种水解酶、某些植物激素以及对病虫害有抑制作用的物质或因子，正因为此，沼液可用于浸种、叶面喷施、养鱼等。

（1）用作肥料。可将沼液作为液体肥料用于大田作物、蔬菜、果树、牧草等的种植。用作肥料时，既可浇灌施用，也可作为叶面肥施用。在浇灌施用时，可将沼液直接与灌溉水以一定的比例混合浇灌，也可直接结合滴灌或渗灌利用。沼液作为一种液态速效肥料，追施具有较好的增产效果。

（2）浸种。主要是利用沼液所含的生物活性物质和速效养分对种子进行预处理，可刺激、活化种内营养物质，促进种内细胞分裂和生长，并为种子提供发芽和幼苗生长所需营养，同时消除种子携带的病原体、细菌等。因此，用沼液浸种后种子的发芽率高，芽齐、苗壮、根系发达，长势旺，并且能增强秧苗的抗旱、抗病及抗逆性能。

（3）叶面喷施。沼液中所含的厌氧微生物的代谢产物，特别是铜、铁、锌、锰等微量元素以及多种生物活性物质，能迅速被植株吸收，有效调节作物生长代谢，为作物提供营养；沼液中还含有多种微生物、有益菌群、各种水解酶、某些植物激素及生物活性物质，对植物的许多有害病菌和虫卵具有一定的抑制和杀灭作用，也对一些植物病虫害有抑制作用。

（4）养鱼。在南方应用较多，使用时应注意沼液的用量要适度，同时注意沼液的生物安全问题。

二十、粪污农田施用的最佳季节是什么时候？

粪污施用于农田后，如果不能及时被农作物吸收和利用，其中的含氮养分可能转变成硝酸盐向地下渗漏，也可能脱氮而挥发。也就是说，如果粪污施用的时间不当，会氮挥发或硝化造成氮源浪费，如果粪污在作物最需要时施用，则其中的养分可得到最有效的利用，损失也会减到最小。

冬季，尤其是在冰雪覆盖和土壤冻结地区施用粪污，其中的营养成分和细菌会长时间留在土壤表层，很容易被融化的雪水或春季雨水冲离土壤表面而进入临近水体，因此应避免冬季施肥。夏季，即使粪污可深施至0.46 m以下，作物也能快速吸收，但也无法完全避免臭气，夏季施用臭气较大。秋季，施用粪肥同样存在氨气挥发问题，而且硝酸盐向地表水渗漏的风险较大。春季，在作物种植之前施用，植物吸收的养分量最大，环境污染最小。由于我国南北气温差别较大，春季种植作物的时间也稍有差别，各地应根据当地具体农时确定粪污施用时间范围（雨天和土壤太湿的日子除外），以确保在作物种植之前完成粪污施用。

二十一、如何确定合适的粪污农田施用量？

施用量对粪污的农田利用非常重要：施用不足，可能导致农作物减产；施用过多，又可能导致环境污染。合适的粪污农田施用量的确定，可参照我国广泛使用的"测土配方施肥"方法，具体分3步进行。

（1）估算作物的养分需要量（以氮为标准）。作物养分需要量是以实际的产量为基础，计算一年作物生产的养分需要量。因此，对实际产量的估算很重要。实际产量可根据历史产量资料、土壤有关信息进行估算，也可根据种植者保存的往年记录或者前人的记录进行估算。目前多数以氮为标准进行估算，即将农作物的氮含量与产量和种植面积相乘确定氮需要量（kg）：农作物的氮含量（kg/t）× 作物产量（t/hm²）× 作物面积（hm²）= 作物的氮需要量（kg）。

（2）确定粪污中氮养分含量。粪污中氮养分含量（kg/m³）可现场测定，同一养殖场也可参照往年的测定数据。

（3）确定粪污的施用量。首先计算每年粪污的体积：动物数量 × 每日粪污体积（m³）× 365= 年粪污总体积（m³）；然后计算粪污中氮养分总量：年粪污总体积（m³）× 粪污中氮养分含量（kg/m³）= 氮养分总量（kg）。

如果粪污中氮养分总量（kg）≤作物的氮需要量（kg），则可以全部施用；如果粪污中氮养分总量（kg）＞作物的氮需要量（kg），则根据以上步骤计算出来的数据确定粪污施用体积：粪污施用量（m³）= 作物的氮需要量（kg）÷ 粪污中氮养分含量（kg/m³）。